Salwa Bouabdallah

O poder neuroprotector do Tribulus

Salwa Bouabdallah

O poder neuroprotector do Tribulus

Os efeitos dos extractos de Tribulus na atenuação de um modelo de Alzheimer no peixe-zebra

ScienciaScripts

Imprint

Any brand names and product names mentioned in this book are subject to trademark, brand or patent protection and are trademarks or registered trademarks of their respective holders. The use of brand names, product names, common names, trade names, product descriptions etc. even without a particular marking in this work is in no way to be construed to mean that such names may be regarded as unrestricted in respect of trademark and brand protection legislation and could thus be used by anyone.

Cover image: www.ingimage.com

This book is a translation from the original published under ISBN 978-620-6-70660-1.

Publisher:
Sciencia Scripts
is a trademark of
Dodo Books Indian Ocean Ltd. and OmniScriptum S.R.L publishing group

120 High Road, East Finchley, London, N2 9ED, United Kingdom
Str. Armeneasca 28/1, office 1, Chisinau MD-2012, Republic of Moldova, Europe
Printed at: see last page
ISBN: 978-620-7-66062-9

Resumo

Recentemente, *o Tribulus terrestris tem atraído* um interesse crescente devido ao seu potencial farmacológico, incluindo as suas actividades neuroprotectoras. Neste estudo, exploramos os efeitos neuroprotectores de um extrato de *Tribulus terrestris* num modelo de peixe-zebra *(Danio rerio) de* perturbação da memória induzida por escopolamina (SCOP) e stress oxidativo cerebral. A SCOP, um fármaco anticolinérgico, tem sido utilizada para reproduzir aspectos fundamentais da doença de Alzheimer (DA) em modelos animais. Os peixes foram tratados com extrato etanólico de folhas (ELE) de Tt (1, 3 e 6 mg/L) durante 15 dias. A SCOP (100 µM) foi administrada 30 minutos antes dos testes comportamentais. As interacções moleculares dos principais compostos identificados através de UPLC-PDA/MS nas fracções de Tt com o local ativo da acetilcolinesterase (AChE) foram exploradas através de análises de acoplamento molecular. A terrestrosina C, a protodioscina, a rutina e a saponina C apresentaram a ligação mais estável. O desempenho da memória espacial foi avaliado utilizando o teste do labirinto em Y e o reconhecimento da memória foi examinado utilizando um teste de reconhecimento de objectos (NOR). O tratamento com extrato de Tt inverteu os padrões de locomoção prejudicados causados pela administração de SCOP. As análises bioquímicas confirmaram igualmente o papel do Tt na inibição da AChE, melhorando as actividades das enzimas antioxidantes e reduzindo os marcadores do stress oxidativo. Os resultados obtidos abrem caminho a futuras aplicações do Tt como alternativa natural para o tratamento de perturbações cognitivas.

Palavras-chave: Ayurveda; docking; neuroprotecção; neurobiologia; nutracêuticos; testes comportamentais.

Índice

Introdução

Com o aumento da esperança de vida a nível mundial, as doenças relacionadas com a idade tornaram-se uma prioridade de saúde global. Prevê-se que o número de pessoas que sofrem de demência atinja 152 milhões em 2050 (Livingston et al., 2020). A doença de Alzheimer (DA) é a principal causa de demência, sendo responsável por 60% a 75% dos casos de demência (OMS, 2023). Caracteriza-se pela sua natureza neurodegenerativa e manifesta-se através de um défice cognitivo relacionado com a memória e de um declínio funcional. O desenvolvimento da doença de Alzheimer é principalmente determinado por factores genéticos, mas o seu aparecimento pode estar ligado à exposição a poluentes ambientais, como os metais pesados e os pesticidas (Rahman et al., 2020). Uma das características que definem a doença de Alzheimer é a redução da acetilcolina (ACh) no cérebro. Esta hipótese colinérgica tem sido alvo do tratamento da DA.

Os medicamentos aprovados, como a galantamina (GAL), o tartarato de hidrogénio de rivastigmina, a hupérizina-A e o donepezil, melhoram a neurotransmissão colinérgica através da inibição da atividade da acetilcolinesterase (AChE) (Kareti et al., 2020; Li et al., 2019). Estes medicamentos proporcionam alívio sintomático, mas não conseguem inverter a progressão da doença de Alzheimer e podem causar vários efeitos adversos (Dunn et al., 2000; Benninghoff., 2020).

A descoberta de novos medicamentos a partir de remédios utilizados na medicina tradicional é uma abordagem atractiva que está a progredir de forma constante. A investigação anterior centrou-se no desenvolvimento de terapias a partir de produtos naturais que pudessem ajudar a prevenir e a gerir a neurodegeneração que se verifica na doença de Alzheimer (Wang et al., 2022). Por exemplo, os fitoquímicos como a curcumina e o resveratrol demonstraram actividades neuroprotectoras contra as principais características da doença de Alzheimer, incluindo a acumulação de beta-amiloide, o stress oxidativo e a neuroinflamação. Alguns destes compostos demonstraram uma elevada eficácia com baixa toxicidade (Kim et al., 2010). Por conseguinte, a utilização de plantas na procura de novos tratamentos para a doença de Alzheimer é uma estratégia adequada (Goozee., 2016; Yan., 2015).

O Tribulus terrestris (Tt) é uma planta medicinal popular comummente utilizada na medicina tradicional chinesa, indiana e búlgara (Stefanescu et al., 2022). É tradicionalmente utilizada pelas suas propriedades afrodisíacas, diuréticas, anticonvulsivas e anti-hipertensivas (Chhatre et al., 2014). Estas utilizações tradicionais da Tt foram corroboradas pela investigação moderna, atraindo a atenção científica com numerosos estudos que destacam os seus potenciais farmacológicos (Sudheendran et al., 2014; Ara et al., 2023; Phillips et al., 2006). Isto inclui os seus efeitos anticancerígenos in vitro (Bouabdallah et al., 2016), antioxidantes, antileishmaniais in vitro (Bouabdallah et al., 2018), antidiabéticos, imunomoduladores e anti-inflamatórios. A análise fitoquímica do Tt revelou sua abundância em uma ampla gama de compostos estruturalmente diversos, incluindo saponinas esteroidais, flavonóides, taninos, glicosídeos, fitoesteróis e terpenóides (Khalid et al., 2021; Zhao et al., 2023).

As saponinas esteroidais (Bouabdallah et al., 2023) e os flavonóides são os metabolitos predominantes que conferem ao Tt as suas actividades farmacológicas. Mais de uma centena de saponinas esteroidais foram identificadas a partir de Tt, incluindo protodioscina, diosgenina, dioscina, gracilina e trilina (Zhu et al., 2017). Recentemente, foi demonstrado que estas saponinas esteroidais possuem propriedades neuroprotectoras contra a doença de Alzheimer (Guan et al., 2022; Yang et al., 2020; Cai et al., 2020).

O peixe-zebra *(Danio rerio)* tornou-se uma ferramenta essencial para explorar os efeitos de vários compostos na neurobiologia (Kalueff et al., 2014; Khan et al., 2017; Levin et al., 2007).

Tem uma vantagem significativa na investigação biomédica devido à sua semelhança genética com os seres humanos e à facilidade de manutenção (Newman et al., 2014; Johansson et al., 2020).

As larvas e os adultos de peixe-zebra têm sido amplamente utilizados para estudar processos e perturbações neurológicas (Stewart et al., 2014). A literatura científica confirma a vantagem de utilizar o peixe-zebra para estudar a hipótese colinérgica da doença de Alzheimer.

A escopolamina (SCOP) é um antagonista dos receptores colinérgicos amplamente utilizado para desenvolver modelos animais de défices cognitivos associados à aprendizagem e à memória (Saleem et al., 2018). Induz características centrais da doença de Alzheimer, incluindo a acumulação de beta-amiloide e a disfunção colinérgica.

Revisão da literatura

1. Alzheimer

1.1. Epidemiologia

A doença de Alzheimer (DA) foi identificada em 1906 por Alois Alzheimer, um psiquiatra alemão, de acordo com informação disponibilizada pela Alzheimer's Foundation (Alzheimer's Foundation, 2019). Este médico caracterizou esta patologia através do estudo de um doente que apresentava várias perturbações, nomeadamente problemas de orientação, perda de memória, afasia, comportamentos invulgares, bem como sintomas psiquiátricos como paranoia e alucinações auditivas. Após a morte da paciente, o Dr. Alzheimer obteve autorização da família para examinar o seu cérebro, onde descobriu depósitos anormais entre as células nervosas.

Devido ao início precoce das alterações das funções cerebrais do seu paciente, o Dr. Alzheimer chamou a esta doença "doença do esquecimento", distinguindo-a assim da demência senil, que ocorre geralmente após os 50 anos. Em 1910, esta doença foi descrita num livro de psiquiatria como uma "forma particularmente grave de demência senil", embora tenha sido estabelecido que pode por vezes aparecer antes dos 50 anos.

1.2. Definição

De acordo com as informações actuais fornecidas pela Associação de Alzheimer (2021), a doença de Alzheimer é definida como a forma mais comum de demência, caracterizada por degeneração neurológica. Uma pessoa é diagnosticada com demência quando a perda de memória e de outras capacidades intelectuais é suficientemente grave para interferir com as actividades diárias. À medida que a doença se desenvolve, pode levar à dependência física, acabando por conduzir à morte se não for tratada (Figura 1).

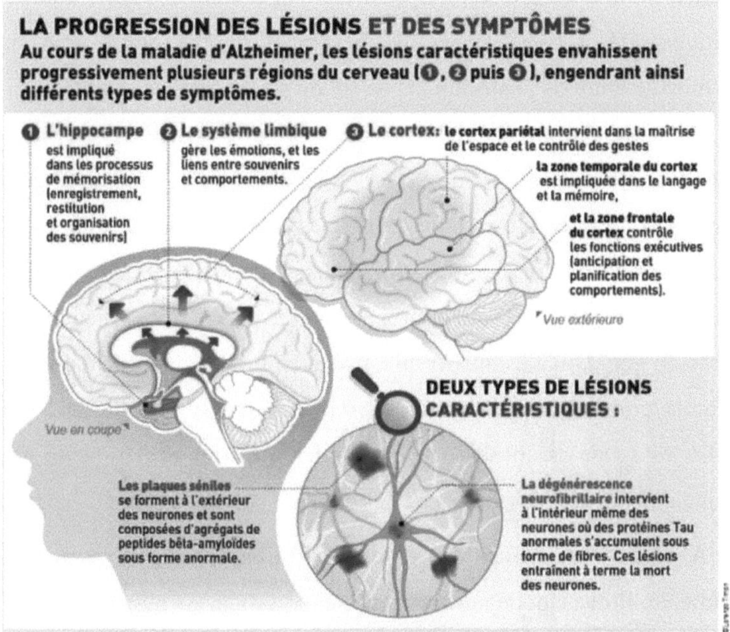

Figura 1: Lesões e sintomas da doença de Alzheimer

A demência, acompanhada de perturbações psico-comportamentais e cognitivas associadas (Muller, 2020), é definida como um enfraquecimento progressivo das funções cognitivas, resultante de uma lesão do sistema nervoso central e com um impacto significativo na vida social do indivíduo.

De acordo com a definição do DSM V (Manual de Diagnóstico e Estatística das Perturbações Mentais), a DA é classificada como uma perturbação neurocognitiva, que pode ser menor ou maior, caracterizada por um início insidioso e um declínio progressivo de uma ou mais funções cognitivas. Este declínio pode prolongar-se durante pelo menos 20 anos e deve preencher os critérios definidos para ser considerada uma provável DA. O DSM V, quinta edição do manual, define os diferentes tipos de perturbações mentais e o seu diagnóstico, e apresenta os dados estatísticos disponíveis até à data. Serve de referência para garantir uma maior uniformidade entre os profissionais de saúde no diagnóstico da DA.

De acordo com o DSM V, um défice cognitivo ligeiro caracteriza-se por um declínio moderado em relação às capacidades cognitivas anteriores, sem impacto significativo na independência ou nas actividades diárias. Estes declínios cognitivos não estão associados à confusão e não podem ser explicados de forma mais satisfatória por outras perturbações mentais, como a depressão grave ou a esquizofrenia, por exemplo. A síndrome confusional é definida como uma emergência geriátrica, que se manifesta por uma perturbação aguda da consciência que indica um comprometimento global, flutuante e reversível das funções cognitivas.

A síndrome confusional é uma perturbação cognitiva que surge subitamente, flutua e pode muitas vezes ser revertida. As pessoas que sofrem deste síndroma têm dificuldade em manter a sua atenção ou em pensar com clareza. Sente desorientação e variações no seu nível de alerta.

O guia Psychomédia (Psychomédia, 2022) utiliza a definição do DSM V de perturbação cognitiva major, que se manifesta por um declínio cognitivo significativo em relação ao desempenho anterior em uma ou mais áreas da cognição, como a atenção complexa, a afasia (perturbações da linguagem), a agnosia (incapacidade de reconhecer ou identificar objectos apesar de funções sensoriais intactas), a apraxia (capacidade prejudicada de realizar actividades motoras apesar de funções motoras intactas) e a cognição social. Estes défices têm impacto na independência da pessoa nas actividades diárias e não podem ser explicados por outras patologias mentais, como a perturbação depressiva major ou a esquizofrenia.

Os critérios utilizados para identificar uma perturbação neurocognitiva importante ligada a uma provável DA incluem principalmente a presença de indícios de DA, estabelecida pela existência de uma mutação genética baseada na história familiar ou nos resultados de testes genéticos (Delmas, 2020; Psychomedia, 2022).

Além disso, verifica-se um declínio da memória e da aprendizagem, bem como de pelo menos uma outra função cognitiva. Além disso, o declínio cognitivo é geralmente progressivo, sem períodos prolongados de estabilização, e não existe uma presença significativa de co-morbilidades etiológicas, o que significa que não existem outras patologias neurodegenerativas ou cerebrovasculares ou outras condições neurológicas, mentais ou sistémicas susceptíveis de contribuir para o declínio cognitivo.

De acordo com os dados fornecidos pela Fundação Vaincre Alzheimer (Fundação VA, 2021), a doença de Alzheimer representa cerca de 70% dos casos de demência nos idosos, com cerca de 1 milhão de pessoas que sofrem desta doença e de doenças relacionadas em França, o que equivale a 8% da população francesa com mais de 65 anos. As projecções indicam que, em 2050, o número de pessoas com doença de Alzheimer e doenças relacionadas em França deverá atingir 1 800 000, o que equivale a cerca de 9,6% das pessoas com mais de 65 anos e a 6,2% da população ativa.

A nível mundial, estima-se que 46 milhões de pessoas sofram de doenças neurodegenerativas, incluindo a doença de Alzheimer. As previsões sugerem que, até 2040, haverá mais de 80 milhões de casos de doenças neurodegenerativas em todo o mundo.

A demência pode ter uma variedade de causas, incluindo doenças neurodegenerativas como a DA. Existem também outras doenças associadas à DA, como a doença dos corpos de Lewy, a degenerescência lobar frontotemporal e as perturbações neurovasculares.

Atualmente, a doença não tem cura. No entanto, os tratamentos disponíveis e os esforços de investigação em curso destinam-se a gerir os sintomas observados e a descobrir métodos para retardar a sua progressão.

1.3. Fisiopatologia
Descrição das alterações observadas no cérebro

A doença de Alzheimer é o resultado de vários mecanismos fisiopatológicos que serão abordados de seguida. De acordo com Poucheret (Pouchret, 2018), com as informações fornecidas pela Associação de Alzheimer e com o site do INSERM (Inserm. Alzheimer, 2021), os fenómenos observados no cérebro relacionados com esta doença estão bem descritos. Quando se examina o cérebro das pessoas que sofrem desta doença, observam-se geralmente dois tipos de lesões: placas amilóides e acumulações de proteína tau no sistema nervoso do paciente (Henstridge et al., 2019; Scheltens et al., 2021).

No sistema nervoso, as células nervosas estabelecem milhares de milhões de ligações entre si através de redes de neurónios. Para tal, necessitam de uma oxigenação adequada para funcionarem corretamente. A presença de placas amilóides combinada com acumulações de proteína tau conduz à degeneração neuronal. Estes dois tipos de lesão conduzem à degenerescência neurofibrilar e são geralmente observados numa fase avançada da doença (Figura 2). Este processo de propagação, que se desenrola ao longo de várias décadas, é responsável pelos sintomas observados no doente. No entanto, as alterações no cérebro podem ser observadas microscopicamente muito antes do aparecimento dos primeiros sintomas (Henstridge et al., 2019; Leng e Edison, 2021).

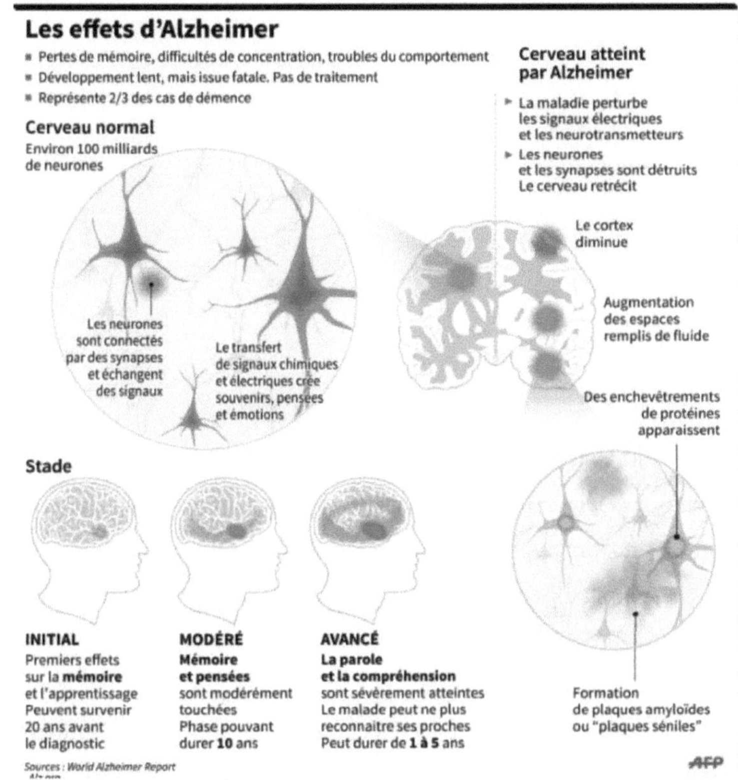

Figura 2: As diferentes fases da doença de Alzheimer

As placas amilóides, também conhecidas como placas senis, formam-se a partir de depósitos de fragmentos da proteína beta-amiloide ou A-beta ou Aβ, que se encontram entre os espaços das células nervosas. Inicialmente, este processo começa no hipocampo antes de se espalhar por todo o córtex cerebral, começando pelas zonas do córtex envolvidas na memória (Figura

3).

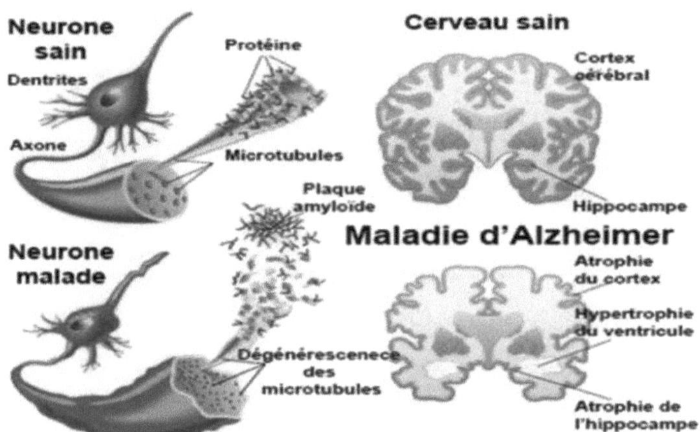

Figura 3. Desenvolvimento de placas amilóides

O estudo de Canu e colaboradores destaca ainda o impacto do fator de crescimento associado à quinase do recetor da tropomiosina, NGF, no metabolismo do precursor da proteína amiloide, que contém uma região clivável pela enzima beta-secretase (Canu et al., 2017). De facto, a ligação do NGF ao local de clivagem do precursor, acoplado ao recetor, leva a um aumento do metabolismo deste precursor pela enzima beta-secretase (Fahnestock e Shekari, 2019). Esta reação metabólica leva a um aumento da produção da proteína beta-amiloide. A descoberta de novos locais onde se expressam os mecanismos fisiopatológicos da DA poderá abrir caminho para o desenvolvimento de novas terapias destinadas a manter a função colinérgica normal e a produção normal da proteína beta-amiloide (Figura 4).

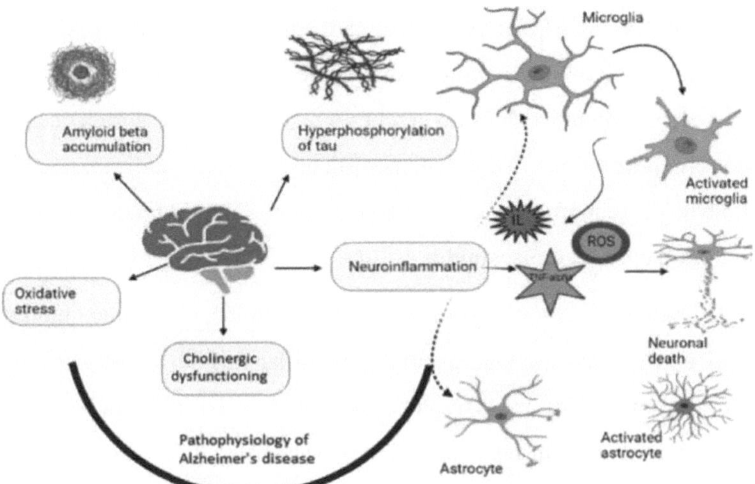

Figura 4. Avanços recentes na sinalização molecular e no tratamento da neuroinflamação na doença de Alzheimer.

Outro estudo examinou as alterações nos níveis de NGF e do fator neurotrófico derivado do cérebro (BDNF), duas neurotrofinas implicadas na disfunção do sistema nervoso colinérgico e na diminuição da plasticidade neuronal (Iulita et al., 2017). Mesmo antes do aparecimento das placas amilóides, verifica-se uma diminuição dos níveis de ARN mensageiro do BDNF, enquanto a expressão do ARN mensageiro do proNGF permanece estável, mesmo em fases avançadas da doença. No entanto, os níveis da proteína precursora do NGF são mais elevados. Esta disparidade entre os níveis de BDNF e NGF é observada em todas as fases da doença. O aumento do proNGF é atribuível a uma deficiência numa proteína responsável pela maturação e degradação do NGF, o que estimula a produção de proNGF.

1.4. Fisiologia da memória

O conceito de memória engloba vários tipos de memória. O contexto emocional do paciente exerce geralmente uma influência na formação da memória (Payet, 2018). Em primeiro lugar, existe a memória a muito curto prazo, que envolve os diferentes córtices sensoriais. Estes córtices estão situados em diferentes regiões do cérebro, nomeadamente o córtex occipital, responsável pela visão, e o córtex temporal, envolvido na audição, no olfato, no tato e no paladar através de zonas associativas. A memória de muito curto prazo dura menos de 0,5 segundos.

A memória a curto prazo, também conhecida como memória perceptiva, permite-nos, por exemplo, recordar rostos à vista. Também conhecida como memória de trabalho, permite-nos associar um som a uma imagem ou recordar um lugar ou uma voz (Duffner, 2022). Está envolvida no momento presente e é utilizada para recordar números de telefone, títulos ou uma série de palavras, por exemplo. Envolve o córtex frontal e pré-frontal, sendo o primeiro responsável pela atividade motora, enquanto o córtex pré-frontal está associado à atividade intelectual, psicomotora e emocional. Alterações nestas regiões corticais podem levar a problemas de comportamento, humor, intelecto e gestos. O córtex pré-frontal deve funcionar corretamente para permitir a recordação de informações em colaboração com o córtex cingulado. Este tipo de memória é uma condição prévia indispensável para a consolidação da memória. A memória a curto prazo dura de alguns segundos a alguns minutos e a sua consolidação passa pelo hipocampo, depois de a informação ter sido adquirida em colaboração com o córtex cingulado.

Uma vez consolidada a informação, surgem diferentes tipos de memória a longo prazo. Estes incluem a memória declarativa consciente, que se divide em memória semântica e memória episódica. A memória declarativa envolve o córtex temporal, o hipocampo, a amígdala e o córtex pré-frontal.

Foram identificados vários tipos de memória a longo prazo. A memória episódica está ligada à nossa história pessoal, à sucessão dos acontecimentos da nossa vida. Permite-nos recordar momentos passados e antecipar acontecimentos futuros. Esta forma de memória está associada ao hipocampo e aos lobos do córtex temporal.

A memória semântica, pelo contrário, baseia-se na nossa cultura, nas nossas aprendizagens escolares e nos nossos conhecimentos gerais (Delmas, 2020). Engloba os conhecimentos, quer sobre nós próprios, quer sobre os acontecimentos (Duffner, 2022). Esta forma de memória está também localizada nos lóbulos do córtex temporal.

Além disso, a memória não declarativa e inconsciente subdivide-se em memórias de priming, de condicionamento e de atividade processual (Payet, 2018).

A memória processual diz respeito aos gestos quotidianos, aos hábitos e às competências práticas de uma pessoa (Delmas, 2020). Implica a ativação do cerebelo, do striatum e do córtex parietal. Esta forma de memória é automática e entra em ação durante actividades como caminhar ou andar de bicicleta, por exemplo (Duffner, 2022). Estes gestos mobilizam uma memória que não requer uma aprendizagem repetida de cada vez que são efectuados.

Para além disso, existe a memória emocional, que forma os medos, os desejos, as preferências e as ligações de um indivíduo (Figura 5).

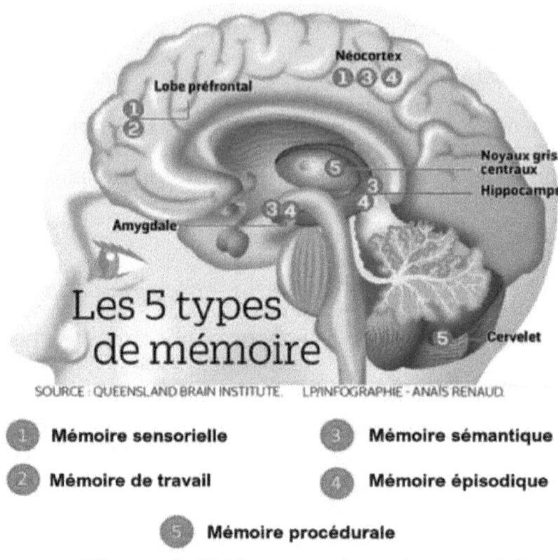

Figura 5. Diferentes tipos de memória

2. Inibidores da acetilcolinesterase
Rivastigmina EXELON®

A rivastigmina, comercializada sob o nome comercial de EXELON®, pertence à classe dos agentes anticolinesterásicos, um tipo de medicamento psicoanaléptico. A rivastigmina actua como um inibidor da colinesterase, visando tanto a acetilcolinesterase como a butirilcolinesterase. Uma vez que a colinesterase é uma enzima responsável pela degradação da acetilcolina, a rivastigmina reduz essa degradação, resultando em níveis mais elevados de acetilcolina. Uma vez que a acetilcolina promove a comunicação entre as células nervosas, o aumento dos níveis melhora a comunicação entre as células nervosas não afectadas nas pessoas com DA.

A rivastigmina está indicada para o tratamento sintomático da doença de Alzheimer, tanto nas formas ligeiras, com uma pontuação MMSE superior a 20, como nas formas moderadamente graves, com uma pontuação MMSE entre 10 e 20 (Poucheret, 2018). Este medicamento está disponível sob a forma de cápsulas ou de dispositivos transdérmicos.

Donepezil ARICEPT®

O donepezil, comercializado sob o nome comercial de EXELON®, pertence à classe dos agentes anticolinesterásicos, um tipo de medicamento psicoanaléptico. O donepezil actua como um inibidor da colinesterase, o que lhe confere um mecanismo de ação semelhante ao da rivastigmina. O seu objetivo é aumentar os níveis de acetilcolina para facilitar a comunicação entre os neurónios não afectados pela doença de Alzheimer.

O donepezil está indicado para o tratamento sintomático da doença de Alzheimer, quer nas formas ligeiras, com uma pontuação MMSE superior a

20, quer nas formas moderadamente graves, com uma pontuação MMSE entre 10 e 20 (Poucheret, 2018). Está disponível sob a forma de comprimidos.

3. Terapia herbal para a doença de Alzheimer

As terapias à base de plantas podem ser uma opção fascinante e eficaz no tratamento da depressão, uma vez que um grande número de preparações à base de plantas demonstrou ter actividades psicoterapêuticas. A investigação de novas farmacoterapias a partir de plantas medicinais e de constituintes isolados de extractos de plantas para doenças psiquiátricas, incluindo a depressão, progrediu significativamente na última década (Zhang, 2004).

Por exemplo, uma fração rica em flavonóides obtida a partir do extrato de sementes de *Monodora tenuifolia* foi capaz de reduzir as alterações comportamentais gerais em ratos stressados por natação forçada e, além disso, exercer efeitos protectores contra o stress oxidativo induzido, apoiando o seu efeito antidepressivo (Ekeanyanwu e Njoku, 2015).

Em outro estudo, o extrato metanólico da espécie *Byrsonima crassifolia (L.)* Kunth (Malpighiaceae) mostrou atividade antidepressiva no teste de natação forçada, e os flavonoides antioxidantes rutina, quercetina e hesperidina podem estar envolvidos nos efeitos antidepressivos de *B. crassifolia (L.)* Kunth (Ahmadi e Shadboorestan, 2016; Herrera-Ruiz et al, 2011; Kanimozhi et al., 2017; Sun et al., 2017).

Os flavonóides são uma classe alargada de metabolitos secundários que abundam nas plantas e em vários alimentos. Foram identificados numa variedade de frutos e legumes e conferem cor, sabor e aroma, bem como benefícios nutricionais e para a saúde. Os flavonóides polifenólicos são os ingredientes funcionais mais eficazes com actividades biológicas. Muitos flavonóides possuem actividades antioxidantes e antidepressivas (Guan e Liu, 2016; Kanimozhi et al., 2017; Sun et al., 2017;).

É amplamente divulgado que o stress oxidativo desempenha um papel fundamental no desenvolvimento de várias doenças (Liu et al., 2017), incluindo distúrbios psicofarmacológicos (Salim, 2017). De facto, a ligação entre o stress oxidativo e a depressão foi estudada e discutida em algumas revisões (Filipovié et al., 2017; Maurya et al., 2016; Vaváková et al., 2015) (Figura 6).

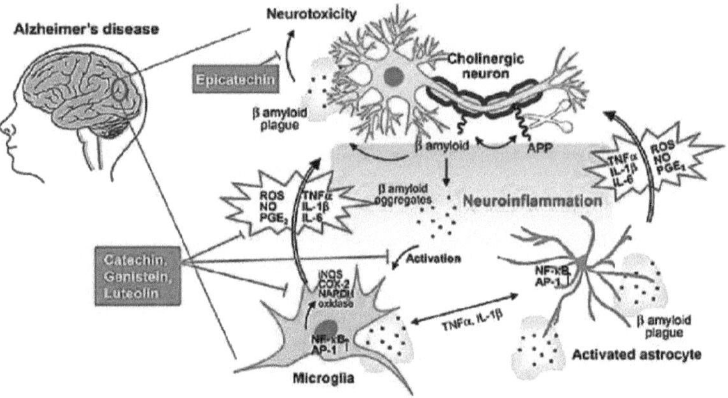

Figura 6. Efeito dos flavonóides na neuroinflamação na doença de Alzheimer.

4. Peixe-zebra

4.1 Utilização do peixe-zebra na investigação em neurociência

Nativo do Sudeste Asiático, o peixe-zebra *(Danio rerio)* estabeleceu-se como um organismo modelo amplamente utilizado na investigação biomédica (Figura 7). Várias vantagens da utilização desta espécie em biomedicina incluem semelhanças fisiológicas e genéticas significativas com os mamíferos, fertilização externa, processos de desenvolvimento rápidos, transparência de embriões e larvas, facilidade de manipulação genética e experimental, e custo-benefício e eficiência em termos de espaço (Cachat et al., 2010; Collier e Echevarria, 2013; Grossman et al., 2010; Parker et al., 2013; Stewart et al; Stewart et al., 2012).

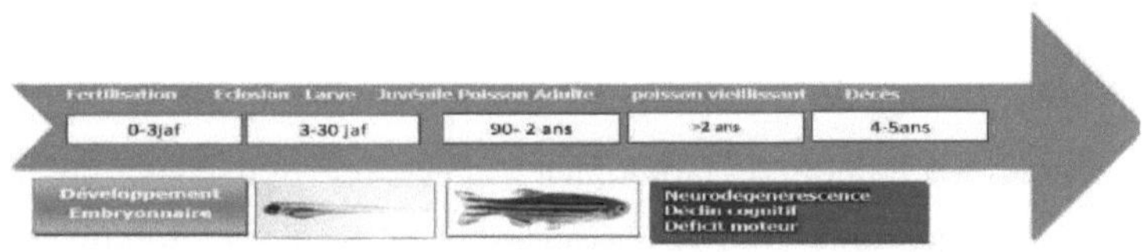

Figura 7. Peixe-zebra *(Danio rerio}* fases adulta e larvar: ciclo de vida do peixe-zebra, desde o período embrionário pré-eclosão (0-72 haf) até às fases pós-eclosão, incluindo as fases larvar (3-29 dpf), juvenil (30-89 dpf), adulta (90 dpf-2 anos) e idosa (> 2 anos).

A declaração sugere que foram efectuadas extensas revisões dos pontos fortes e das limitações dos modelos de peixe-zebra na investigação biomédica, em particular a sua relevância para a neurociência (Ablain e Zon, 2013; Ahmad et al., 2012; Brennan, 2011; Gerlai, 2012; Kalueff et al., 2014; Steenbergen et al., 2011). Em conjunto com mamíferos e organismos modelo invertebrados bem conhecidos, tanto o peixe-zebra larvar como o adulto são amplamente utilizados na investigação do sistema nervoso central (SNC)

(Drew et al., 2012; Miller et al., 2013; Pippal et al., 2011) e no estudo de várias perturbações cerebrais. No entanto, a adoção mais alargada de modelos de peixe-zebra na investigação em neurociências enfrenta desafios devido à limitada familiaridade com estes modelos e os seus fenótipos entre os laboratórios de neurociências que não são de peixes.

Para uma compreensão mais completa, os leitores são remetidos para os detalhes fornecidos na referência (Kalueff et al., 2014). Reconhecendo o potencial do peixe-zebra na neurociência translacional (Brennan, 2010; Kalueff et al., 2014; Miller et al., 2013), este trabalho explorou a sua importância crescente na investigação das causas de perturbações cerebrais e na manipulação experimental destas condições (Buske et al., 2011; Buske e Gerlai, 2011; Gerlai, 2011; Kalueff et al., 2013).

Várias vantagens da utilização desta espécie na biologia médica incluem a elevada homologia fisiológica e genética com os mamíferos (70-75%), a fertilização externa, avanços significativos foram feitos recentemente no desenvolvimento de modelos de peixe-zebra relevantes para uma série de condições, incluindo autismo, distúrbios do sono, défices cognitivos, depressão, psicoses e dependência (Brennan, 2011; Cachat et al, 2013; Griffiths et al., 2012; Grossman et al., 2010; Kyzar et al., 2013; López et al., 2008;Parker et al., 2012; Neelkantan et al., 2013; Singh A, et al., 2013; Stewart et al., 2014; Ziv et al., 2013).

Em resumo, as provas acumuladas sugerem que o peixe-zebra está a emergir rapidamente como um organismo líder na investigação translacional em neurociência e biopsiquiatria. Complementa eficazmente os modelos de roedores e clínicos, contribuindo para a compreensão de quase todas as principais perturbações cerebrais (Brennan, 2010; Kalueff et al., 2014; Kalueff et al., 2014; Stewart et al., 2013).

4.2 Um modelo animal eficaz para estudar a doença de Alzheimer

O peixe-zebra está a ganhar importância como um valioso organismo modelo para o estudo de uma série de doenças do SNC, incluindo a DA. Dado que a DA é um dos principais factores que contribuem para a demência nos seres humanos, é urgente compreender os mecanismos subjacentes a esta doença neurodegenerativa. Neste contexto, é absolutamente necessário criar novos modelos animais para explorar os processos neurodegenerativos fundamentais da DA.

A revisão de Stewart et al. (Stewart et al., 2014) explora o estado atual da utilização do peixe-zebra como modelo da DA, examinando a lógica subjacente à utilização desta abordagem experimental na investigação do SNC. A revisão engloba várias estratégias utilizadas para induzir patologia semelhante à da doença de Alzheimer no peixe-zebra, fornecendo informações sobre o seu potencial como organismo modelo para compreender os aspectos do SNC da doença de Alzheimer. Explora várias estratégias que envolvem intervenções para induzir danos no cérebro do peixe-zebra, visando sistemas de neurotransmissores chave como os circuitos colinérgicos, glutamatérgicos ou GABAérgicos.

Esta revisão inclui modelos de AD familiar, que se baseiam na proteína precursora amiloide (APP) e nas vias pré-senil, bem como os que se centram na hiperfosforilação da proteína Tau. Estão também a ser considerados os genes ligados à doença de Alzheimer esporádica, como a apolipoproteína E. Por último, pode concluir-se que a utilização do peixe-zebra na doença de Alzheimer está atualmente em pleno desenvolvimento, salientando a necessidade de aperfeiçoar os modelos transgénicos para estabelecer este organismo como um modelo ideal para a investigação da doença de Alzheimer. Além disso, é necessário compreender melhor o cérebro do peixe-zebra e caraterizar com maior precisão os danos resultantes de alterações nos principais sistemas de neurotransmissores.

5. Tribulus (Tribulus terrestris L.)

5.1 História

O Tribulus terrestris (Tt) é uma planta utilizada há centenas de anos na medicina chinesa e indiana (Ayurveda). Vários sistemas médicos são utilizados nos países asiáticos desde a pré-história. O sistema ayurvédico, praticado no Sri Lanka, na Índia e noutras partes da Ásia, é o mais popular.

Na Índia, 700 anos antes de Cristo, um grande médico ayurvédico chamado Charaka escreveu um tratado médico baseado em textos médicos anteriores. Neste tratado, Charaka descreve claramente uma planta *(Tribulus terrestris L.)* com propriedades diuréticas, afrodisíacas, tónicas, rejuvenescedoras e fortificantes.

Mais tarde, a medicina chinesa acrescentou os seus conhecimentos sobre a Tt e chamou-lhe "a erva que apaga o vento e faz parar o tremor". Na China, "o vento" está associado a doenças cardíacas (acidentes vasculares cerebrais, tensão arterial elevada).

Em 1847, um cientista chamado Fritzsche extraiu uma molécula química chamada harmina do *Peganum harmala*. A harmina é um dos compostos activos da Tt e é utilizada como estimulante e afrodisíaco.

Exploradores na África do Sul também descobriram que a ingestão de plantas contendo harmina tinha um efeito sobre a mente e a consciência. Esta substância psicotrópica foi mais tarde utilizada para tratar a doença de Parkinson.

Desde então, foram efectuados numerosos estudos para determinar a composição química da Tt e para descobrir os seus benefícios farmacológicos.

5.2 Classificação

O Tribulus é classificado da seguinte forma (Linnaeus)

- o Espermatófitas
- o Angiospérmicas
- o Folhosas
- o Série Disciflora
- o Ordem dos Geraniales
- o Família Zygophyllaceae
- o Género *Tribulus*
- o Espécie *Terrestris.*

Estudo botânico

O Tribulus terrestris é uma espécie bastante invulgar, com caules que se encontram deitados no chão, muitas vezes espalhando-se num padrão radial a partir do ponto onde a raiz principal está inserida. Encontra-se em áreas não cultivadas, campos e ao longo de bermas de estradas e auto-estradas, mas também pode crescer em solos arenosos. As suas flores pequenas, amarelas e únicas abrem de abril a outubro.

Esta espécie distingue-se pelas suas folhas, que apresentam 8 a 16 folíolos ovais, opostos, dispostos em duas filas à direita e à esquerda do pecíolo comum, sem folíolo terminal no ápice da folha; abaixo de todos os folíolos, o pecíolo da folha é bastante curto (Figura 8). As flores, que se desenvolvem em pedúnculos ligeiramente alongados, encontram-se por vezes nas axilas das folhas, por vezes nas bifurcações do caule, e por vezes opostas às folhas; neste último caso, o caule é formado por secções de ramos sucessivos. As sépalas são ovais; as pétalas têm cerca de uma vez e meia o comprimento das sépalas; os 5 estigmas são radiantes e reflectem-se no estilo espesso e muito curto (Bonnier, 1911).

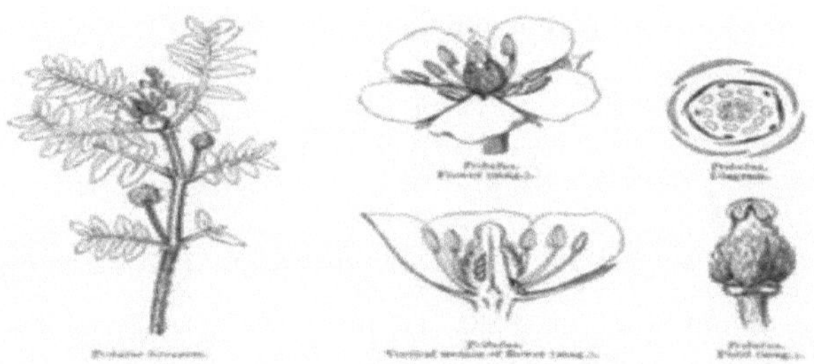

Figura 8. Secção microscópica dos órgãos reprodutores de *Tribulus terrestris*

O fruto, mais ou menos peludo, tem uma forma muito especial; quando maduro, separa-se em 5 partes, cada uma com um espinho mais ou menos alongado na parte superior e dois espinhos mais curtos na parte inferior (que por vezes não se desenvolvem (Chadefaud, 1960).

Cada uma destas 5 partes do fruto desprende-se sem se abrir e cai com as 2 ou 3 sementes que contém (Figura 9). Estas sementes são colocadas umas em cima das outras, encaixadas em pequenas caixas separadas umas das outras por divisórias transversais.

Figura 9. Aspeto morfológico das sementes de *Tribulus terrestris*

É uma planta mais ou menos peluda, por vezes esbranquiçada, por vezes mais ou menos verde, consoante a quantidade de pêlos de que está coberta. A espécie é uma planta anual com uma raiz principal desenvolvida.

5.3 Distribuição geográfica da planta

O Tribulus terrestris é originário da Europa e cresce geralmente em climas áridos e em solos arenosos ao longo de estradas e auto-estradas. Encontra-se mais frequentemente nos trópicos e em todas as regiões quentes do mundo.

-Locais de utilização tradicional

Fora do Norte de África, cresce na Europa, na Ásia Ocidental, na Índia, nas Ilhas Canárias, no Senegal, no Cabo da Boa Esperança e nas Ilhas Comores. É cultivada no Oeste de França até ao Loire Atlântico, bem como na América (Bonnier, 1911).

Esta planta é utilizada para diversos fins em muitos países: Índia, Norte de África, Bulgária, China, Coreia do Sul, Europa, Kuwait, Nepal, Paquistão, Peru, Tailândia, Tanzânia e Turquia (Bonnier, 1911).

-Utilização por país

Na **Índia,** a planta inteira é utilizada em casos de leucorreia (ou corrimento branco: corrimento mucoso ou mucopurulento da vulva), o seu extrato aquoso é afrodisíaco e trata os cálculos renais. O extrato aquoso da raiz é um emenagogo, ou seja, induz ou regula o fluxo menstrual. A semente fresca, combinada com mel, é um tónico, melhora a vitalidade e o brilho da pele, reduz as rugas e trata a iterícia. O pó de frutos secos é utilizado como narcótico; o excesso de frutos pode causar delírio. O sumo de fruta fresca é utilizado para tratar problemas urinários. O pó da raiz trata a gonorreia (corrimento uretral). O extrato aquoso do fruto é um tónico, diurético e afrodisíaco. Em infusão, actua como tónico uterino. O fruto é utilizado em casos de impotência, urolitíase, gonorreia e doenças renais. *Em casos* de debilidade aguda em recém-nascidos, é utilizado em combinação com *Curculigo orchiodes* e raízes de *Echinops echinatus.*

No **Norte de África,** é utilizada como antidiarreico, estimulante e afrodisíaco.

Na **Bulgária,** as partes aéreas secas são tomadas por via oral para aumentar a espermatogénese.

Na **China,** o extrato aquoso das partes aéreas é administrado em doses de 7 a 10 mg e é indicado em casos de espermatorréia (emissão involuntária de esperma). O extrato aquoso das sementes secas é utilizado para tratar doenças do fígado, *enquanto* o fruto é utilizado para tratar afecções oculares, edemas, distensão abdominal e leucorreia (corrimento branco).

O extrato de frutos secos é utilizado externamente para tratar a hiperpigmentação da pele e como cosmético. O fruto é abortivo. O pó seco combinado com manteiga e mel melhora a longevidade (Ivan, 2001).

Note-se que, consoante a natureza da droga, as utilizações podem ser muito diferentes. Cada parte da planta tem uma composição diferente, tanto em termos de qualidade como de quantidade do produto. É esta variação de composição que confere a uma parte da planta uma atividade mais específica contra uma determinada doença. Por exemplo, o fruto é mais específico para as doenças dos rins, a raiz para as doenças do fígado, a semente para as doenças da pele e a folha para as doenças diarreicas (Samuelsson, 1993).

Além disso, a mesma parte de uma planta pode ser utilizada sob diferentes formas (seca, fresca, extrato, pó) e para indicações muito diferentes. Os produtos transformados têm uma composição diferente da do medicamento fresco, em função do tratamento efectuado (calor, extração). Por exemplo, os frutos secos são narcóticos, os frutos frescos tratam as perturbações urinárias e o extrato aquoso é diurético e afrodisíaco (Samuelsson, 1993).

Existem também variações de ação em função do solvente utilizado (água, etanol, metanol, clorofórmio), uma vez que estes diferentes solventes produzem compostos diferentes. Os extractos obtidos terão, portanto, uma composição e uma atividade diferentes.

Constatamos que algumas utilizações da Tt são idênticas em diferentes países. Alguns países estão muito distantes e não puderam comunicar as suas experiências numa altura em que a planta era habitualmente utilizada na medicina tradicional. Assim, quanto mais países usarem ou utilizarem o medicamento para uma determinada indicação, maior é a probabilidade de ser eficaz. Do quadro acima, podemos deduzir que as acções diuréticas e afrodisíacas são as mais frequentemente encontradas e, por conseguinte, as mais plausíveis, seguidas das acções tónicas e estimulantes e das acções contra a impotência. Os extractos aquosos de frutos, folhas e raízes são diuréticos. Os extractos aquosos das raízes e dos frutos são afrodisíacos. O extrato aquoso do fruto é tónico e trata a impotência (Ivan, 2001).

5.4 Composição química das partes aéreas

Os principais compostos activos isolados das partes aéreas são :

Saponinas esteroidais (Ivan et al., 2001; Dinchev et al., 2008)

- glucopiranosil galactopiranos

- heterósidos de ruscogenina, hecogenina, diosgenina, gitogenina, neotigogenina, clorogenina, tigogenina, terrestrosídeo F

- glicosídeos de protodioscina

- protodioscina, dioscina

Flavonóides (Bhutani et al., 1969; Dinchev et al., 2008).

- Kaempferol
- Kaempferol-3-O-glucósido
- Kaempferol-3-O-rutinosídeo
- *Kaempferol-3-O*-(6 -O-E-p-coumaroyl)-β-Dglucopyranoside
- Tribulosídeo
- *Isorhamnetina-3-O*-(6 -O-E-p-cumaroyl)-β-Dglucopyranoside
- Quercetina-3 -O-β-D-glucopiranosídeo
- Rutina
- Aminoácidos e proteínas
- Fitosterol

-Macronutrientes: potássio, cálcio, sódio, fósforo

-Alcalóides indoleicos: Harman, harmina.

5.5 Principais propriedades farmacológicas

Foram efectuados vários estudos biológicos e farmacológicos sobre o efeito benéfico da Tt, cujas principais propriedades são descritas a seguir.

Regulação dos receptores de NO e androgénio

- O Tt tem um efeito estimulante sobre a libido nos ratos (Bonnet, 2003)

- A Tt aumenta o número de neurónios NADPH-diaforase (atividade enzimática dependente da NO sintase) e de receptores de androgénio no hipotálamo (Gauthaman e Adaikan, 2005).

- A protodioscina isolada do Tt aumenta o efeito relaxante do músculo liso dos órgãos genitais masculinos, provavelmente aumentando a libertação de óxido nítrico (NO) do endotélio e das terminações nervosas (Adaikan, 2005). Este composto também aumenta a pressão intracavernosa (Gauthaman et al, 2002; Gauthaman et al, 2003).

- O extrato de Tt demonstrou ter um efeito positivo na espermatogénese (contagem de espermatozóides e motilidade) em humanos (Protich, 1983).

A fração saponínica do Tt promove as funções estrogénicas e a fertilidade (Bonnet, 2003).

Diurético urinário e agente anti-litíase

O estudo de Al-Ali mostrou que a administração de Tt in vivo aumentava a excreção urinária e a natriurese (Al-Ali et al., 2003).

Pensa-se igualmente que a Tt tem um efeito preventivo na formação de cálculos renais; quando administrada a ratos com hiperoxalúria, reduz a excreção urinária de oxalato e aumenta a de glioxilato. Isto deve-se, nomeadamente, a uma redução das actividades das enzimas hepáticas que sintetizam o oxalato e a uma normalização da atividade da desidrogenase láctica renal (Sangeeta, 1994).

Efeito hipotensor

In vivo, a Tt reduz a pressão sanguínea através da redução da atividade da ECA (enzima de conversão da angiotensina) (Sharifi et al., 2003).

Efeito citotóxico

8O extrato aquoso do fruto (250µg/ml e 500µg/ml) de Tt exibiu potência citotóxica contra linhas celulares de cancro do fígado (HepG2), induzindo a apoptose celular (Kim et al., 2010).

Bouabdallah et al, estudaram o potencial anti-tumoral do Tt cultivado na Tunísia: Diferentes extractos (etanólico, butanólico, aquoso, etc.) de Tt (folhas, sementes e raízes) foram avaliados contra linhas celulares cancerígenas (OVCAR, IGROV, Hep2 e K562). Assim, o extrato n-butanólico das folhas é dotado do melhor efeito antitumoral da ordem de 94,76 ± 1,52% a 50 µg/mL (Bouabdallah et al., 2016).

Efeito anti-leishmania

Bouabdallaah et al. investigaram o potencial antileishmanial de vários extractos isolados do *Tribulus* tunisino. Os seus resultados mostraram que o extrato n-butanólico (uma fração rica em saponina isolada das folhas) exibiu o melhor efeito antileishmanial contra os parasitas patogénicos Leishmania *L. major* (GlC94) e *L. infantum* (LV50) avaliados in vitro por um ensaio MTT (Bouabdallah et al., 2018).

Materiais e métodos

1-Extração da matéria vegetal

O Tribulus terrestris (Tt) foi recolhido da flora tunisina, de plantas que crescem espontaneamente na região de Elhawaria (Ain Halloufa). As amostras foram recolhidas durante a fase de maturação dos frutos, em setembro de 2020. As plantas colhidas foram identificadas de acordo com os critérios de Pottier-Alapetite e confirmadas de acordo com métodos previamente descritos pelos nossos colegas botânicos, conforme mencionado na nossa publicação (Bouabdallah et al., 2016). O protocolo de extração foi efectuado tal como anteriormente referido por Bouabdallah et al, com ligeiras modificações (Bouabdallah et al., 2016, 2018). As folhas frescas de Tt foram secas à sombra durante quinze dias e depois reduzidas a um pó muito fino (Figura 10). Cem gramas do pó obtido foram extraídos com etanol a 70% v/v (refluxo a 80°C, 3 x 1000 mL x 2h). As soluções resultantes foram combinadas e concentradas até um pequeno volume sob vácuo a 70°C.

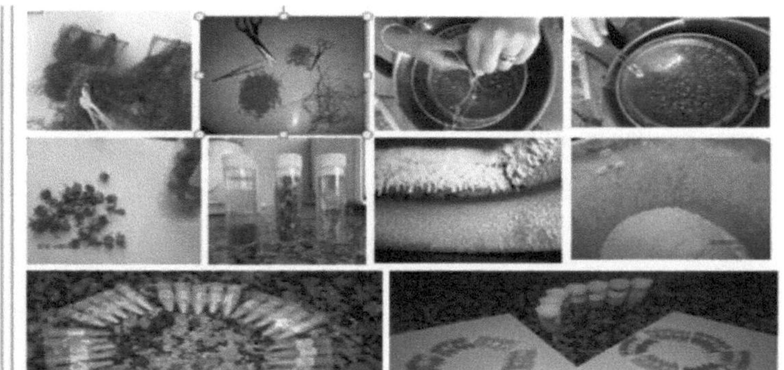

Figura 10. Diferentes fases da preparação do *Tribulus terrestris* cultivado na Tunísia (Bouabdallah, 2020)

2. Análise química do extrato investigado

- Cromatografia líquida de desempenho ultra-elevado - Deteção por arranjo de fotodíodos

Para a análise por espetrometria de massa (MS), foi utilizado um sistema Thermo Fisher UltiMate 3000 acoplado a um detetor de arranjo de fotodíodos (PDA). A fase móvel foi constituída por um gradiente A (acetonitrilo com 0,1% de ácido fosfórico) e B (0,1% de ácido fosfórico), da seguinte forma: 0-4 min. 10-15%, os 4 minutos seguintes isocráticos a 15%, 8-15 min. 30%, 15-18 min. 40%, 18-22 min. 55%, e nos 3 minutos seguintes o sistema regressa às condições iniciais. A coluna utilizada foi a Luna Omega 5 μ Polar C18 (100A, 150 × 4,6 mm). A injeção da amostra foi de 2 μL com um caudal de 0,8 mL. A deteção foi efectuada em sete comprimentos de onda diferentes entre 220 nm e 800 nm, tendo em conta as quatro bandas de deteção a 245 nm, 280 nm, 330 nm e 521 nm. Estes comprimentos de onda representam as bandas de absorção máxima dos flavonóides, ácidos fenólicos e antocianidinas, respetivamente.

Cada pico foi identificado com base nos espectros UV disponíveis e nos dados da biblioteca, e as identificações foram comparadas com os padrões. Foram estabelecidas curvas de calibração para vários padrões, incluindo catequina, epicatequina, ácido elágico, ácido cafeico, ácido p-cumárico, ácido cinâmico, ácido clorogénico, ácido ferúlico, luteolina, apigenina, kaempferol, epigalocatequina, quercetina, rutina, quercetina-3-O-arabinósido, apigenina-7-O-glucósido, luteolina-7-O-glucósido e ecdisona, para a quantificação dos compostos identificados.

Um sistema constituído por um cromatógrafo Transcend TLX-1 Vanquish Flex acoplado a um espetrómetro de massa Orbitrap Exploris 480 foi utilizado para avaliar a composição química do extrato estudado por cromatografia líquida acoplada à espetrometria de massa (UPLC-ESI/MS). A avaliação de varrimento total foi efectuada numa coluna Hypersil Gold C18 (50 x 2,1 mm, 1,9 µm) com termóstato a 40°C. Os compostos activos foram separados utilizando uma mistura de

gradiente A (acetonitrilo com 0,1% de ácido fosfórico) e B (0,1% de ácido fosfórico) durante 30 minutos, de 7% a 93% de A em B.

O caudal foi de 0,3 mL/min. Utilizou-se ionização por electrospray (ESI) positiva e negativa para a deteção por espetrometria de massa. Os espectros adquiridos foram registados numa gama de massas de m/z 100 a 1500 a uma frequência de 5 Hz, utilizando uma tensão positiva de 4,5 kV, uma tensão negativa de 3,0 kV e uma temperatura de ionização de 350°C. Foram injectadas automaticamente alíquotas de 5 µL de cada amostra. A integração e a deteção foram efectuadas utilizando o software Compound Discoverer 3.2 para a avaliação de módulos orientados e não orientados. Os picos com uma pontuação de pelo menos 7,4 foram considerados e comparados com as bases de dados Thermo m/z Vault e Chem spider.

3. Docagem molecular

Com a ajuda do programa MOE-Dock 2019.09 do TEnvironnement Opérationnel Moléculaire (MOE), foi efectuada uma análise de acoplamento. Utilizando a chave do construtor, foram gerados esboços das estruturas das moléculas seleccionadas. O campo de força MMFF94x, que é uma caraterística padrão do programa MOE, foi então utilizado para reduzir o nível de energia destes compostos. Depois, utilizando uma pesquisa de conformadores, foram obtidos os conformadores 3D destes compostos. A AChE foi obtida a partir do Protein Data Bank (PDB ID: 4EY7) (Cheung et al., 2012), e foi importada para o MOE.

As moléculas de água foram removidas e os hidrogénios em falta foram adicionados para gerar as condições de ionização necessárias para a estrutura da proteína. A localização do sítio ativo foi determinada utilizando o MOE Alpha Site Finder com os seus parâmetros predefinidos. As esferas alfa resultantes foram utilizadas para construir átomos artificiais para o sítio inativo. O processo de acoplamento foi efectuado utilizando o componente "Docking" do MOE, seguindo o procedimento de acoplamento padrão. As cinco melhores poses, classificadas de acordo com o critério da grelha de dispersão de Londres (dG), foram guardadas, reduzindo ainda mais a utilização do campo de força molecular Merck 94x (MMFF94x) na enzima. O utilitário de classificação dG Generalized-Born Volume Integral/Weighted Surface Area (GBVI/WSA) foi então utilizado para atribuir pontuações às poses geradas. Foram seleccionadas as poses dos compostos com as pontuações mais elevadas. Utilizámos o visualizador Biovia Discovery Studio 2020 para examinar a representação das interacções proteína-ligante no local ativo do complexo (Abo-Elghiet et al., 2023).

4. Aprovação ética

A manutenção e o tratamento dos peixes foram efectuados em conformidade com a Recomendação da Comissão Europeia (2007) e a Diretiva 2010/63/UE do Parlamento Europeu e do Conselho, de 22 de setembro de 2010, relativa ao alojamento, cuidados e proteção dos animais utilizados para fins experimentais e outros fins científicos. Este protocolo foi aprovado pelo Comité de Ética da Faculdade de Biologia de Iasi. Todos os procedimentos foram realizados em conformidade com as directrizes legais e com o "Animal research: report of in vivo experiments (ARRIVE)", assegurando simultaneamente a utilização mínima de peixe-zebra.

5. Piscicultura

Um total de 100 peixes-zebra de barbatana curta de tipo selvagem foram obtidos da Pet Product S.R.L. (Bucareste, Roménia). O peixe-zebra fêmea e macho foram criados numa proporção de 1:1, com 3 a 4 meses de idade, medindo 3 a 4 cm de comprimento e pesando entre 0,3 e 0,5 g. Os peixes-zebra foram aclimatados durante um período de duas semanas no biotério da Faculdade de Biologia de Iasi (Roménia). Foram alojados em três aquários de 70 L e mantidos num sistema de recirculação que fornece água bem ventilada e sem cloro a uma temperatura controlada (26°C ± 2). O fotoperíodo foi fixado em 14:10 h (ciclo claro:escuro). Os parâmetros de qualidade da água foram mantidos a níveis constantes (pH = 7,5, oxigénio dissolvido a 7,20 mg/L, concentração de amónio <0,004 ppm e nível de condutividade de 500 µS).

6. Tratamento farmacológico e atribuição de grupos

Os peixes-zebra foram divididos nos seguintes grupos: Três grupos de pré-tratamento com Tt compreendendo três concentrações (1, 3 e 6 mg / L); o grupo controle (1% DMSO foi adicionado por imersão); o grupo SCOP (SCOP, 100 µM, Sigma-Aldrich, Darmstadt, Alemanha); e o grupo galantamina (GAL) (GAL, 1 mg / L, Sigma-Aldrich, Darmstadt, Alemanha) servindo como controle positivo nos testes Y-maze e NOR. As doses de SCOP, GAL e extrato vegetal foram selecionadas com base em estudos anteriores (Dumitru et al., 2019). Tt (1, 3 e 6 mg / L) foi administrado por imersão uma vez ao dia em um copo de 6 L por 1 h, enquanto SCOP (100 µM) foi administrado 30 min antes dos testes comportamentais.

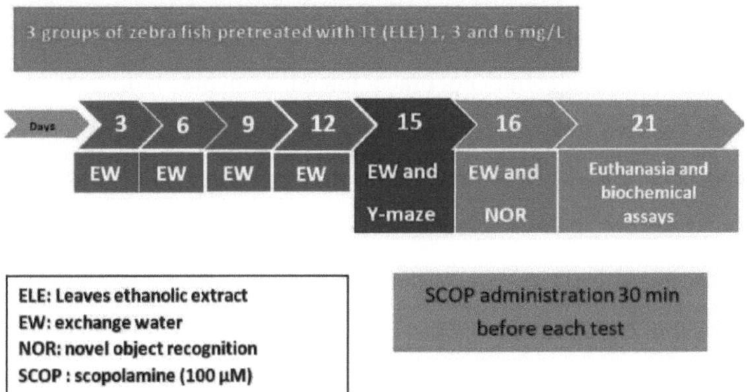

Figura 11. Procedimento de conceção experimental para a administração do tratamento, estudos comportamentais (testes NOR e Y-maze) e ensaios bioquímicos (Bouabdallah et al., 2024)

6. Avaliar o comportamento

Uma Logitech HD Webcam C922 Pro Stream (Logitech, Lausanne, Suíça) registou o comportamento do peixe-zebra. Os vídeos gravados foram examinados utilizando o software ANY-maze® versão 6.3 (Stoelting CO, Wood Dale, IL, EUA).

6.1. Teste do labirinto em Y

A resposta à novidade no peixe-zebra foi avaliada utilizando a tarefa do labirinto em Y (Cognato et al., 2012). A posição espacial no teste do labirinto em Y foi utilizada como indicador de memória. Os peixes-zebra foram treinados individualmente num aquário de vidro em forma de Y (3 L) com três braços (25 × 8 × 15 cm), que foram aleatoriamente designados como o braço "inicial" (sempre aberto), o braço "novidade" (aberto durante o ensaio) e o braço "permanentemente aberto".

Durante a primeira sessão de treino (5 minutos), os peixes foram colocados individualmente no braço inicial, e o braço da novidade foi fechado. Passada uma hora, começou a segunda sessão de treino, com a duração de 5 minutos, e os peixes foram novamente colocados no braço inicial, mas desta vez o braço da novidade foi aberto.

A distância total percorrida (em metros), o tempo passado no braço da novidade (em % do tempo total nos braços) e o ângulo de rotação (em graus) foram os parâmetros comportamentais estudados neste teste. Os vídeos gravados foram avaliados com o software ANY-maze® (Stoelting Co., Wood Dale, IL, EUA).

6.2. Novo teste de reconhecimento de objectos

O teste de reconhecimento de novos objectos (NOR) é normalmente utilizado para avaliar a capacidade de memória comportamental em peixes-zebra. O peixe-zebra foi brevemente submetido a um período de aclimatação de 5 minutos no novo tanque ($30 \times 30 \times 30$ cm cheio de água acima de 6 cm) durante três dias consecutivos sem nenhum objeto presente (Stefanello et al., 2019; Gaspray et al., 2018). Durante a fase de treino (quarto dia), o peixe-zebra foi apresentado a dois objectos semelhantes durante 10 minutos. Uma hora após o início da fase de treino, um dos dois objectos semelhantes (FO: objeto familiar) foi arbitrariamente substituído por um novo objeto (NO) durante 10 min (fase de teste). As percentagens foram determinadas utilizando a seguinte fórmula: [tempo de exploração NO / tempo de exploração FO + tempo de exploração NO × 100]. O comportamento foi monitorizado e analisado utilizando o software ANY-maze® (Stoelting Co., Wood Dale, IL, EUA).

7. Análises bioquímicas

O tecido cerebral recolhido foi suavemente homogeneizado (rácio 1:10, p/v) em tampão de fosfato de potássio 0,1 M frio (pH 7,4) contendo 1,15% de KCl. A homogeneização foi efectuada durante 1 minuto a 1000 rpm utilizando o moinho Mikro-Dismembrator U (Sartorius, Nova Iorque, NY, EUA), equipado com esferas magnéticas de 3 mm de diâmetro (Sartorius Stedim Biotech GmbH, Goettingen, Alemanha). O homogenato resultante foi então centrifugado durante 15 minutos a 14.000 rpm. O sobrenadante foi recolhido para análise posterior. Estas incluíram a medição do teor de proteínas solúveis totais e a avaliação das actividades de enzimas específicas, como a AChE, a superóxido dismutase (SOD), a catalase (CAT), a glutationa peroxidase (GPX), a glutationa (GSH), o malondialdeído (MDA) e as proteínas carboniladas. Todos os procedimentos foram efectuados em conformidade com as regras e regulamentos aplicáveis.

A atividade da AChE foi estimada no sobrenadante cerebral utilizando o método de Ellman (Ellman et al., 1961). A atividade da SOD foi medida utilizando o protocolo de Winterbourn (Winterbourn et al., 1975). A atividade da catalase foi analisada segundo o método de Sinha (Sinha et al., 1972). A atividade da GPX foi estimada segundo o método de Sharma e Gupta (Sharma e Gupta, 2002). Os níveis de proteínas carboniladas foram avaliados utilizando o protocolo descrito por Oliver et al (Olivier et al., 1987) e modificado por Luo e Wehr (Luo e Wehr, 2009). A peroxidação lipídica (nível de malondialdeído, MDA) foi avaliada utilizando o método de Ohkawa (Ohkawa et al., 1979). O teor de proteínas no sobrenadante do cérebro foi quantificado utilizando o método de Bradford (Bradford et al., 1976).

8.   Análise estatística

Os dados foram apresentados como médias ± erro padrão da média (SEM) e foram analisados estatisticamente utilizando uma análise de variância de um fator (ANOVA), seguida dos testes de comparação múltipla post hoc de Tukey. Estes dados foram interpretados utilizando o software GraphPad Prism v8.3 (La Jolla, CA, EUA). Uma diferença estatisticamente significativa foi considerada para $p < 0{,}05$.

Resultados

1. Análise fitoquímica do *Tribulus terrestris*

Os resultados cromatográficos indicaram a presença de vários compostos na amostra, como mostra a Figura 12. O extrato de Tt foi analisado por UPLC-PDA para determinar o seu perfil químico. Os resultados revelaram a presença de vários flavonóides e saponinas, incluindo epigalocatequina, apigetrina, rutina, quercetina, luteolina, cynaroside, ácido cafeico, trilina, hecogenina, terresida B, trillarina, protodioscina e saponina C (Figura 12).

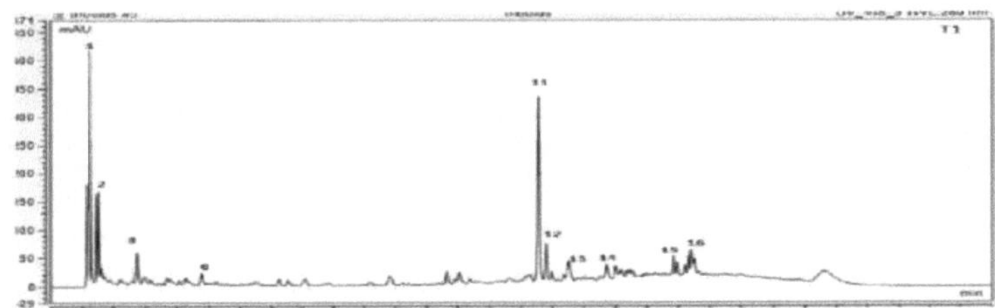

Figura 72. Cromatograma UPLC-PDA para uma amostra de *Tribulus terrestris* (ELE: extrato etanólico de folhas) a 280 nm.

A identificação do composto foi confirmada por UPLC-EIS/MS com base na revisão da literatura e nos padrões de fragmentação comparados com compostos semelhantes na base de dados em linha, utilizando o software Compound Discover 3.2 para avaliação, incluindo módulos direccionados e não direccionados. Os picos com uma pontuação de pelo menos 7,4 foram considerados e comparados com as bases de dados Thermo m/z Vault e Chem spider. A este respeito, a caraterização dos metabolitos Tt levou à identificação provisória (Quadro 1) de uma vasta gama de metabolitos representados por ácidos fenólicos, flavonóides e saponinas. Os picos iónicos de peso molecular a m/z 180,04225 e 196,05823, correspondentes às fórmulas moleculares sugeridas C9H8O4 e C9H8O3 [M+H] , correspondem ao ácido cafeico e ao ácido hidroxicinâmico. ⁻Os picos de iões moleculares a m/z 285,0409, 301,0353, 356,07451 e 609,1482 [M+H] , respetivamente, para as fórmulas

⁻Os iões moleculares previstos C15H10O7, C15H10O6, C15H14O7 e C27H30O16 foram identificados como caempferol, quercetina, epigalocatequina e rutina [M+H] . ⁻Enquanto os picos de iões moleculares a *m/z* 913.48023, 915.4590, 738.05805 e 1049.2 [M+H] , respetivamente, para as fórmulas moleculares
C51H84O12, C45H12O15, C39H62O13 e C51H84O22 correspondem a uma saponina C, uma terrostrosina C, uma trilarina e uma protodioscina (quadro 1).

Tabela 1. Designações de picos UPLC-ESI/MS para metabolitos em *Tribulus terrestris* (ELE).

Não	Fórmula	Transformações	Erro (ppm)	[M-H]⁻¹ Experimental	[M-H]⁻¹ Teórico	Identificação
1	C9H10O7	Hidratação, oxidação	-0.03814	180.04225	179.03498	ácido t-cafeico
2	C9H8O3	Hidratação, oxidação	-0.02587	198.0402	199.0606	Ácido hidroxicinâmico
3	C21H20O11	Redução	-0.38036	196.05823	195.05095	Cynarosia
4	C15H10O7	Redução	0.17143	301.0353	302.24	Quercetina
5	C15H10O6	Redução de nitrogénio	-0.21529	285.0409	286.24	Kaempferol
6	C15H10O6	Redução de nitrogénio	0.28338	285.04120	286.24	Luteolina
7	C15H14O7	Hidratação, oxidação	0.45039	356.07451	306.27	Epigalocatequesem
8	C21H20O10	Redução	0.18654	435.5	432.4	Apigetrina
9	C27H30O16	Hidratação	-1.45637	609.1482	610.1084	Rutina
10	C45H72O17	Redução	-4.4	915.4550	915.4590	Terreside A

	C27H42O4	Redução	-0.38036	255.08642	430.30764	Hec ogenine
11	C39H62O14	Dessaturação, Redução de nitrogénio	0.3610	755.262	754.901	Terreside B
12	C45H12O15	Dessaturação, Redução de nitrogénio	-0.38036	918.4232	915.4590	Terrestrosina C
13	C39H62O13	Dessaturação, Redução de nitrogénio	0.95112	738.05805	738.05077	Trillarina
14	C51H84O22	Oxidação, Nitro Redução	-0.10032	1047.5413	1049.2	Protodioscina
15	C33H52O8	Dessaturação, Redução de nitrogénio	2.37949	560.22	576.761	Disoglusida - Trillin

2. Estudo de Docagem Molecular

A AChE é uma enzima crucial que inibe a neurotransmissão através da hidrólise da ACh na sinapse. A AChE encontra-se principalmente nas junções neuromusculares e nas sinapses colinérgicas do sistema nervoso central (SNC), onde promove a hidrólise da ACh em colina e acetato, terminando assim a transmissão sináptica mediada pela ACh com elevada eficiência catalítica. A estrutura da AChE é constituída por três regiões centrais de ligação: o sítio aromático periférico (PAS), o sítio ativo catalítico (CAS) e a garganta (Moreira et al., 2022). A tríade catalítica de Ser203, His447 e Glu334 está presente na parte inferior do sulco que contém o CAS. Além disso, o sulco central liga CAS e PAS e estende-se para além da enzima (Lio et al., 2022). A maior parte da superfície interna é composta por aminoácidos aromáticos (Phe295, Phe338 e Tyr337). O PAS na entrada da garganta é composto principalmente por cinco resíduos: Asp74, Tyr72, Tyr124, Tyr341 e Trp286 (Lio et al., 2022). As pontuações de acoplamento dos 15 compostos contra a AChE variaram entre -11,22 e -24,68 kcal/mol, em comparação com -14,62 kcal/mol para o donepezil (ligando co-cristalino) (Tabela 2). Com energias de acoplamento inferiores a -24 kcal/mol, a terrestrosina C, a protodioscina, a rutina e a saponina C foram os compostos acoplados mais estáveis. A ordem das pontuações de acoplamento mais elevadas foi a seguinte: Rutina > Saponina C > Protodioscina > Terrestrosina C > Trillarina > Epigalocatequina > Terresida B > Cynaroside > Disoglusida, Apigetrina > Kaempferol > Quercetina > Hecogenina > Luteolina > Donepezil > Ácido cafeico.

Tabela 2. Energia de ligação dos compostos identificados no *Tribulus terrestris* à enzima AChE.

	Compostos	Pontuações de energia de ligação em kcal/mol
	Donepezil (ligando em co-cristal)	-14.62
1	Ácido t-Cafeico	-11.22
2	Disoglusida (Trilina)	-18.60
3	Apigetrina	-18.60
4	Cynaroside	-18.70
5	Terreside B	-19.98
6	Terrestrosina C	-24.11
7	Trillarina	-23.42
8	Protodioscina	-24.58
9	Epigalocatequina	-20.62
10	Rutina	-24.68
11	Hecogenina	-14.71
12	Saponina C	-24.63
13	Quercetina	-15.39
14	Kaempferol	-15.48

3.   Efeito do extrato de Tt na atividade locomotora

Foram gravados vídeos digitais para observar o movimento do peixe-zebra na água, vertical ou horizontalmente, durante um período de tempo. Foi utilizada uma trajetória desenhada num software especializado para seguir automaticamente o estilo de natação do peixe-zebra. Foram analisados parâmetros representativos do comportamento de natação, incluindo a distância total média percorrida, a velocidade ou o ângulo de viragem (Brinza et al., 2020, 2022; Capituna et al., 2020). Uma abordagem básica para analisar o movimento do peixe-zebra consiste em contar o número total de linhas atravessadas pelo peixe. A melhoria da memória observada no teste do labirinto em Y pode ser atribuída à atividade locomotora, que é avaliada pelo número de entradas nos braços do labirinto. Os grupos pré-tratados com SCOP apresentaram variações significativas, indicadas por $p < 0,05$. Como se pode ver na Figura 13, o grupo de controlo apresentou um comportamento de natação regular no tanque do labirinto em Y. No entanto, o peixe-zebra submetido ao tratamento com SCOP mostrou um estilo de rastreamento locomotor alterado que foi revertido pela administração de ELE; $p < 0,005$ para 3 mg / L e $p < 0,05$ para as doses de 1 e 6 mg / L. Além disso, foi observada uma melhoria não significativa na locomoção após o tratamento com GAL (Figura 13).

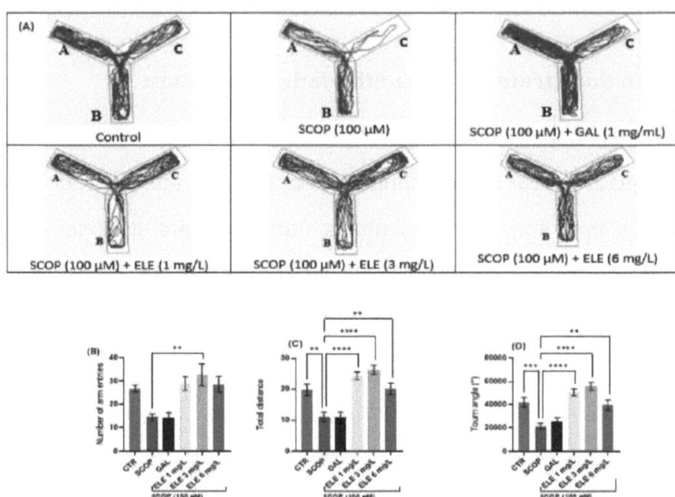

Figura 13. Efeitos da administração de *Tribulus terrestris* (ELE, 1, 3 e 6 mg/L) em peixes-zebra tratados com escopolamina (SCOP) sobre a memória espacial e a atividade locomotora avaliadas na tarefa do labirinto em Y. (A) O padrão de rastreio locomotor exibido pelos peixes-zebra durante a segunda fase da tarefa do labirinto em Y em função das suas respectivas afectações aos grupos experimentais. Os braços do labirinto foram designados A (braço inicial), B (outro braço) e C (novo braço). (B) Número de entradas nos braços. (C) Distância total (m). (D) Ângulo de rotação (°). Os dados são representados por médias ± S.E.M. *(n = 8)*. ** $p < 0,001$, *** $p < 0,0001$ e **** $p < 0,00001$ (análises post hoc de Tukey). A galantamina (GAL, 1 mg/L) foi utilizada como medicamento de referência positivo.

4. Efeito do extrato de Tt na memória espacial utilizando o teste do labirinto em Y

Os peixes tratados com ELE exploraram os três braços do labirinto.

Estes peixes tiveram um desempenho superior ao do grupo tratado com GAL em termos de parâmetros comportamentais.

O labirinto em Y foi utilizado para avaliar a memória de trabalho espacial em peixes amnésicos. A Figura 13 ilustra a perturbação da memória causada pelo SCOP, uma vez que os peixes tratados com SCOP passaram um tempo mínimo no novo braço. A administração de ELE demonstrou efeitos de melhoria da memória em peixes amnésicos. O teste ANOVA unidirecional revelou um aumento significativo no desempenho da memória espacial nos grupos tratados com doses baixas e altas (1, 3 e 6 mg/L) de Tt em termos de distância total percorrida ($F(8, 63) = 11,33$, $p < 0,0001$ para 1 e 3 mg/L e $p < 0,005$ para 6 mg/L), tempo gasto no braço novo (% do tempo total gasto nos braços $F(8, 63) = 5,225$, $p < 0,01$) e ângulo de viragem (ANOVA unidirecional $F(8, 63) = 11,31$, $p < 0,001$), com percentagens aumentadas em comparação com o grupo apenas com SCOP, indicando efeitos significativos na memória de curto prazo. Uma análise mais aprofundada utilizando o teste post hoc de Tukey revelou uma diferença significativa entre os grupos de controlo e SCOP ($p < 0,0001$), controlo e SCOP + ELE (1 mg/L) ($p < 0,0001$), SCOP e SCOP + ELE (3 mg/L) ($p < 0,0001$), e SCOP e SCOP + ELE (6 mg/L) ($p < 0,001$), indicando que o ELE melhorou significativamente a memória espacial (Figura 13). Esta melhoria na memória espacial é consistente com os resultados de trabalhos anteriores que investigaram os efeitos fitoquímicos e o teste do labirinto em Y (Brinza et al., 2020, 2022; Capituna et al., 2020).

5. Efeitos do extrato de Tt na memória de reconhecimento utilizando o teste NOR

Neste teste, a tarefa de distinção de objetos foi realizada para avaliar a memória de reconhecimento em zebrafish. Estes vertebrados possuem a capacidade de diferenciar entre objectos familiares (OF) e não familiares e de recordar formas geométricas tridimensionais (Dos Santos et al., 2018). Após o teste de discriminação de objetos, geramos gráficos de rastreamento representativos que ilustram os caminhos percorridos pelos peixes durante a sessão de teste, de acordo com seus respectivos grupos experimentais. Os efeitos da administração de SCOP (100 µM) e dos tratamentos com ELE (1, 3 e 6 mg/L) na memória de reconhecimento NOR e na locomoção são mostrados na Figura 14. No teste NOR, a ANOVA unidirecional revelou um efeito significativo do tratamento nas porcentagens de preferência ($F (8, 61)$ = 17.30, $p < 0.0001$) e no tempo de exploração ($F (17, 125)$ = 18.64, $p < 0.0001$)) (Figura 14B). Os gráficos representativos do rastreio locomotor revelaram alterações no comportamento de natação (Figura 14A). Em comparação com o grupo de controlo, os peixes tratados com SCOP mostraram percentagens mais baixas de preferência por objectos novos (NO), o que implica uma memória de reconhecimento prejudicada. Além disso, o tratamento com ELE (3 mg/L) aumentou as percentagens de preferência nos peixes tratados com SCOP ($p < 0,05$ (Figura 14), sugerindo um reforço da memória. Como mostra a Figura 14, os peixes tratados com SCOP passaram mais tempo explorando OF e menos tempo explorando NO do que os peixes dos outros grupos. A ANOVA de uma via indicou significância estatística ($p < 0,05$). De acordo com a Figura 3, todas as três doses de ELE, particularmente a dose de 3 mg/L, reverteram os défices de memória de reconhecimento causados pela administração de SCOP, aumentando significativamente ($p < 0,05$ e $p < 0,01$ para ELE (3 mg/L)) a preferência do peixe-zebra pelo NO. As doses de 3 mg/L de ELE demonstraram níveis de desempenho superiores ao nível de probabilidade (50%), indicando uma preferência relativa pelo NO. Por conseguinte, o extrato de ELE melhora a memória de reconhecimento em peixes-zebra com padrões SCOP induzidos pela DA, tal como observado na tarefa de distinção de objectos. Foi relatado que as saponinas e os flavonóides melhoram a memória de reconhecimento em animais experimentais (Kassem et al., 2020). Num estudo anterior, os flavonóides rutina e naringina melhoraram a capacidade discriminativa em modelos animais tratados com SCOP de uma forma dependente da dose (Ramalingayya et al., 2016). Os resultados actuais podem ser atribuídos à abundância destes compostos no extrato de Tt utilizado.

(A)

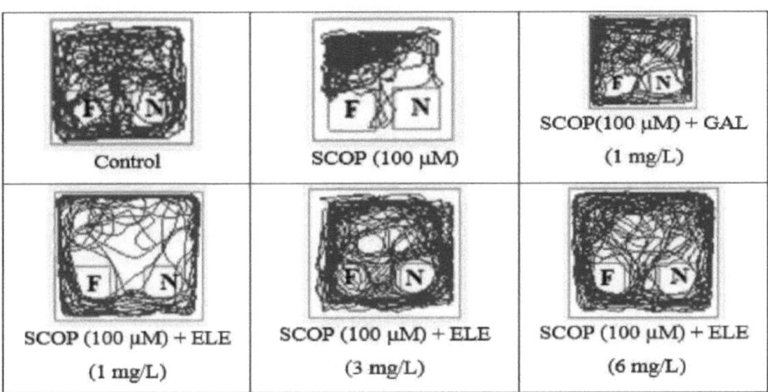

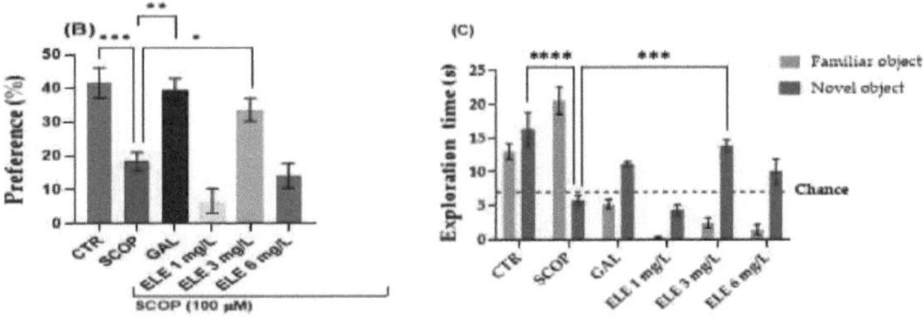

Figura 14. Efeitos da administração de *Tribulus terrestris* (ELE, 1, 3 e 6 mg/L) a peixes-zebra tratados com escopolamina (SCOP) na memória de reconhecimento, avaliada através da tarefa de discriminação de objectos. (A)

Padrões de rastreio locomotor do peixe-zebra durante a sessão de teste da tarefa de discriminação de objectos de acordo com os respectivos grupos experimentais. (B) Tempo gasto no topo (S). (C) A medida de preferência percentual foi utilizada como critério final para avaliar a memória de reconhecimento. Os objectos familiares e novos foram designados por F e N, respetivamente. A linha preta tracejada (acaso) indica uma preferência de 50%. Os dados estão representados como média ± S.E.M. *(n = 8)*. ** $p <$ 0,001, *** $p < 0,0001$ e **** $p < 0,00001$ (análises post hoc de Tukey). A galantamina (GAL, 1 mg/L) foi utilizada como medicamento de referência positivo.

Efeitos do extrato de Tt na atividade cerebral da AChE

Para estudar a eficácia do tratamento com extrato de Tt no peixe-zebra tratado com SCOP, foram medidos os principais marcadores bioquímicos associados à atividade colinérgica. A administração de SCOP induziu um aumento significativo na atividade da AChE (p < 0,001). Este aumento da atividade da AChE foi significativamente reduzido no grupo GAL para um nível comparável ao do grupo de controlo (p < 0,001). Da mesma forma, o tratamento com Tt reduziu a atividade da AChE de uma forma dependente da dose (p < 0,005 para 3 mg/L e p < 0,01 para 1 mg/L), em comparação com os grupos tratados apenas com SCOP. Os efeitos da Tt excederam os do tratamento com GAL (Figura 15A). Esses resultados são consistentes com os efeitos inibitórios da Tt contra AChE em modelos animais de doenças neurodegenerativas (Saleem et al., 2020; Chauhdary et al., 2019).

Efeitos do extrato de Tt no estado oxidativo cerebral

A análise de variância de uma via (ANOVA) indicou efeitos significativos do tratamento no estado oxidativo do cérebro, como evidenciado pelas alterações na AChE (F (8, 18) = 6,262, p < 0,0006) (Figura 15A), SOD (F (8, 18) = 9,002, p < 0,0001) (Figura 15B), CAT (F (8, 18) = 15,2, p < 0,0001) (Figura 15C), GPX (F (8, 18) = 22,82, p < 0,0001) (Figura 15D), GSH (F (8, 18) = 10,60, p < 0,0001) (Figura 15E). Foram também observados níveis elevados de peroxidação lipídica (MDA) (F (8, 18) = 16,02 p < 0,0001) (Figura 15F) e de oxidação proteica (proteínas carboniladas) (F (8, 18) = 10, p < 0,0001) (Figura 15G).

Em comparação com o grupo de controlo, o peixe-zebra exposto a SCOP mostrou uma diminuição significativa nas actividades das enzimas antioxidantes, como a superóxido dismutase (SOD) (p < 0,0001) (Figura 5B), GPX (p < 0,0001) (Figura 4D) e CAT (p < 0,0001) (Figura 4C), bem como níveis elevados de MDA (p < 0,0001) (Figura 4F) e proteínas carboniladas (p < 0,0001) (Figura 4G). O tratamento com ELE aumentou a atividade das enzimas antioxidantes, reduzindo o stress oxidativo cerebral induzido pela SCOP: SOD (p < 0,005 para 1 mg/L, 3 mg/L e p < 0,001 para 6 mg/L) (Figura 4), GPX (p < 0,0001 para 1 mg/L, 3 mg/L e 6 mg/L), CAT (p < 0,005 para 1 mg/L, 3 mg/L e p < 0,001 para 6 mg/L), GSH (p < 0,001 para 6 mg/L), bem como uma redução no MDA (p < 0,0001 para 1 mg/L, 3 mg/L e 6 mg/L) (Figura 4F) e nos níveis de proteína carbonilada (p < 0,001 para 1 mg/L, 3 mg/L e 6 mg/L) (Figura) em comparação com o peixe-zebra tratado com SCOP.

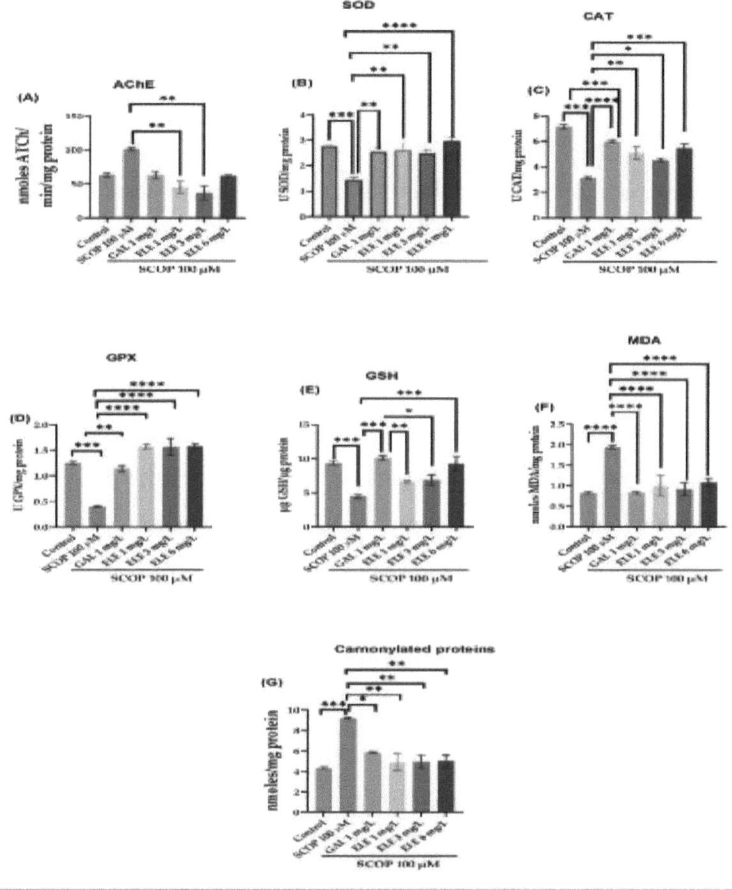

Figura 15. Efeitos da administração de *Tribulus terrestris* (ELE, 1, 3 e 6 mg/L) em peixe-zebra tratado com escopolamina (SCOP) sobre (A) AChE; (B) superóxido dismutase (SOD) ; (C) actividades específicas da catalase (CAT); (D) glutatião peroxidase (GPX); (E) GSH; (F) malondialdeído (MDA); (G) níveis de proteína carbonilada. Os dados estão representados como média ± S.E.M. *(n* = 8). ** *p* < 0,001, *** *p* < 0,0001 e **** *p* < 0,00001 (análises post hoc de Tukey). A galantamina (GAL, 1 mg/L) foi utilizada como medicamento de referência positivo.

55

Discussão

Vários estudos mostraram a presença de flavonóides em Tt, principalmente derivados de quercetina, kaempferol e isorhamnetina (Zhu et al., 2017). Consistente com outros trabalhos publicados, compostos semelhantes aos apresentados aqui foram identificados nas folhas de Tt (Stefanescu et al., 2020; Zhu et al.,2017). No entanto, a maioria dos dados publicados fornece identificações gerais sem quantificação desses compostos.

O poder de extração está correlacionado com o material vegetal, o solvente, a localidade geográfica e o processo de preparação (Sarvin et al., 2018; Zhu et al., 2017). A composição química mostra que o extrato estudado é rico em flavonóides e saponinas, que são conhecidos por serem antioxidantes naturais. Os seus grupos hidroxilo livres permitem interacções com as membranas celulares e desencadeiam acções de proteção contra os radicais livres. Além disso, os derivados da rutina, da quercetina e da catequina actuam como barreiras contra as espécies reactivas de oxigénio e impedem as enzimas oxidativas como a lipoxigenase, evitando a desnaturação celular (Alam et al., 2017).

Utilizando a docagem molecular, foram visualizadas as interacções dos 15 compostos (quadros 2) com a AChE. O ligando co-cristalizado donepezil foi reacoplado no sítio ativo da AChE (Figura 16A) para avaliar a precisão do acoplamento. O desvio quadrático médio (RMSD) entre as poses de acoplamento e as poses co-cristalizadas originais foi de 0,47 Â.

A maioria dos compostos seleccionados mostrou interacções favoráveis com resíduos de aminoácidos essenciais, tais como Tyr72, Asp74, Trp86, Tyr124, Ser293, Phe295, Phe297, Tyr337, Phe338, Tyr341 e Trp286. Curiosamente, a rutina, com uma pontuação de acoplamento de -24,68 kcal/mol, mostrou 11 interacções convencionais de ligação de hidrogénio com aminoácidos essenciais nas regiões PAS e CAS: Tyr124 (1.64 Å), Phe295 (2.93 Å), Tyr341 (2.45 Å), Tyr341 (3.04 Å), His447 (2.85 Å), Asp74 (2.71 Å), Thr83 (2.79 Å), Asn87 (2.50 Å), Trp86 (3.12 Å), e Glu202 (3.05 Å e 3.22 Å).

Além disso, a rutina forma seis ligações de hidrogénio-carbono, duas ligações de hidrogénio π-doador e oito ligações π-π empilhadas (Figura 16B, Quadro 3). A protodioscina apresentou um modo de ligação semelhante ao da rutina e do donepezil (ligando co-cristal). Formou 16 ligações de hidrogénio com 12 aminoácidos, com comprimentos que variam de 2,04 a 3,23 Å.

O grupo glicosilo desempenha um papel fundamental na formação de ligações de hidrogénio com Trp286 (3,23 Å), Trp86 (3,20 Å), Tyr72 (2,97 Å), Asp74 (2,82 e 2,65), Tyr124 (2.04), Tyr341 (2.04 e 2.81), Ser293 (2.15 e 2.60), Asn87 (2.80 e 2.70), Thr83 (2.57 e 2.78), Glu202 (2.77), e Glu292 (2.47).

A porção esteroide da protodioscina contribuiu para 14 interacções hidrofóbicas através da formação de interacções π-Sigma ou π-Alquilo (Figura 16C, Tabela 3). Além disso, a saponina C (Figura 16D, Tabela 3) e a terrestrosina C (Figura 16E, Tabela 3) apresentaram energias de ligação extremamente baixas de -24,11 e -24,63 Kcal/mol, respetivamente. As suas fracções de esteróides apresentaram interacções hidrofóbicas com Try72, Try286, Phe297, Phe338 e Try341 na região PAS da enzima AChE. Além disso, a saponina C e a terrestrosina C formaram doze e vinte e uma ligações de hidrogénio, respetivamente.

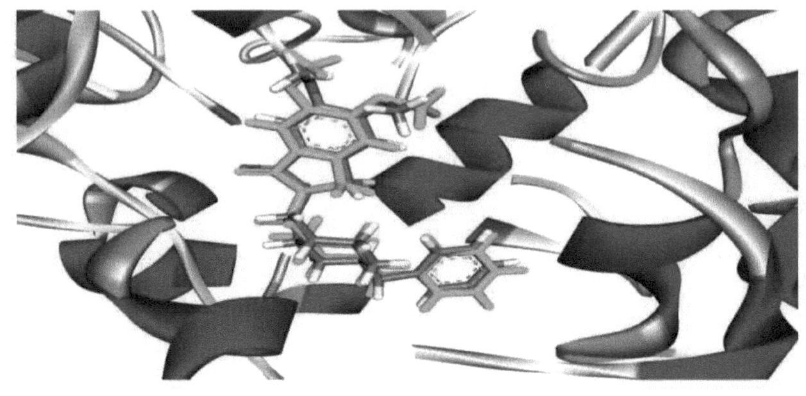

(A)

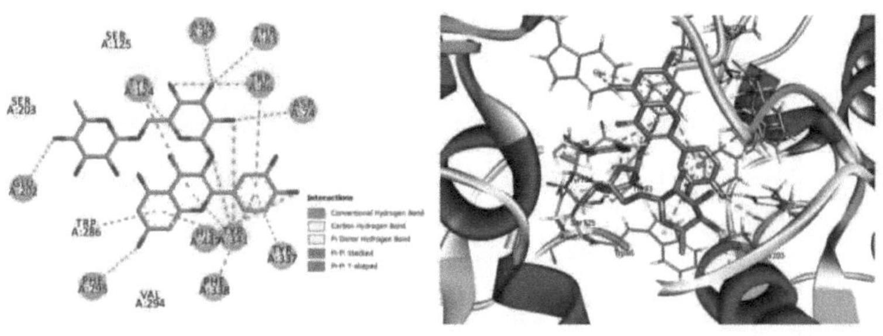

(B)

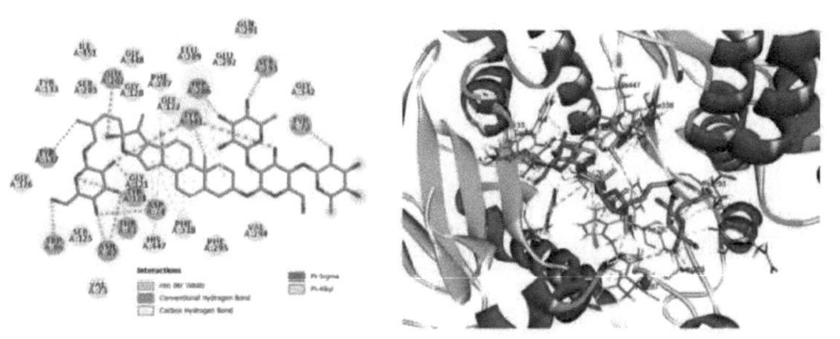

(C)

(D)

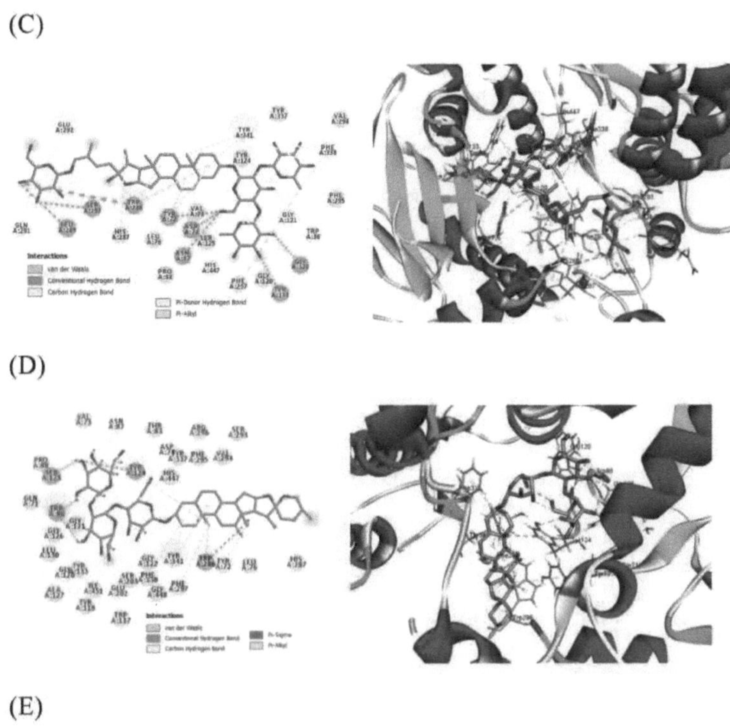

(E)

Figura 16: (A) A sobreposição do ligando co-cristalino (donepezil) (a azul) com a sua pose acoplada (a cinzento) mostrou um RMSD apreciável de 0,47 Â. (B) O modo de ligação 2D (esquerda) e 3D (direita) da rutina no sítio ativo da enzima AChE. (C) O modo de ligação 2D (esquerda) e 3D (direita) da protodioscina no sítio ativo da enzima AChE. (D) Ligação 2D (esquerda) e 3D (direita) da saponina C no sítio ativo da AChE. (E) A ligação 2D (esquerda) e 3D (direita) da terrestrosina C no sítio ativo da AChE.

Tabela 3. Interacções de Donepezil, Terrestrosina C, Protodioscina, Rutina e Saponina C no sítio ativo da enzima AChE.

Energia de afinidade (kcal/mol)	Interação	Aminoácido (Distância em angstrom (Â)

Donepezil -14,62 (**Co-cristal**	Atrativo Carga	Asp74 (5.40)
ligando)	[1]Hidrogénio Obrigação	Phe295 (1,96)
	[2]Hidrogénio Obrigação	Ser293 (3,06), Tyr72 (3,20)
	π -Cação	Trp86 (4,73), Tyr337 (3,91)
	π -Sigma	Tyr341 (3,59), Trp286 (3,64)
	π - π Empilhado	Trp86 (4.46), Trp86 (3.89, 3.82,5.11), Tyr341 (5.05)
Terrestrosina -24,11 C	[2]Hidrogénio Obrigação	Gly120 (2.93, 2.88), Asp74 (2.37), Glu202 (2.27), Asn87 (2.33, 2.34), Tyr124 (2.43), Trp86 (2.00)
	[1]Hidrogénio Obrigação	Tyr124 (2,13), Ser125 (1,76), Trp86 (2,52, 1,68)
	π -Alquilo	Tyr72 (4,65), Tyr124 (4,26), Trp286 (3,20, 4,21, 4,48), Phe297 (4,98), Phe338 (4,91), Tyr341 (4,59, 3,67)
	π -Sigma	Trp286 (2,63)
Protodioscina -24,58	[1]Hidrogénio Obrigação	Tyr72 (2.97), Asp74 (2.82), Tyr124 (2.04), Ser293 (2.15, 2.60), Tyr341 (2.75, 2.81), Trp286 (3.23), Trp86 (3.20), Asn87 (2.80, 2.70), Thr83 (2.57), Asp74 (2,65), Glu202 (2,77)
	[2]Hidrogénio Obrigação	Thr83 (2,78), Glu292 (2,47)
	π -Sigma	Tyr341 (3,48), Tyr337 (3,00)

		π -alquilo	Tyr124 (4.94), Trp286 (4.76), Phe297 (5.18, 4.56), Phe338 (5.13, 5.01, 4.31, 5.49), Tyr341 (3.80, 4.53), His447 (4.69, 5.41)
Rutina	-24.68	1 Hidrogénio Obrigação	Tyr124 (1,64), Phe295 (2,93), Tyr341 (2,45, 3,04), His447 (2,85), Asp74 (2,71), Thr83 (2,79), Asn87 (2,50), Trp86 (3,12), Glu202 (3,05, 3,22)
		2 Hidrogénio Obrigação	Trp86 (2,83), Asn87 (2,74), Ser125 (3,02), Ser203 (3,03), Val294 (2,41), His447 (2,36)
		3 Hidrogénio Obrigação	His447 (2,91), Trp286 (3,54)
		π - π Empilhado	Trp286 (4,85), Tyr337 (3,44), Tyr341 (3,32, 4,03), 5.61)
		π - π em forma de T	Trp86 (5,92), Tyr124 (5,88), Phe338 (4,80)
Saponina C	-24.63	1 Hidrogénio Obrigação	Asp74 (2,50), Tyr133 (2,96), Ser293 (2,70), Tyr72 (2,90), Asn87 (3,23), Trp286 (3,36), Leu289 (2,99), Gly120 (2,88)
		2 Hidrogénio Obrigação	Gly121 (2.60, 2.69, 2.16), Glu292 (2.84), Phe338 (2.38, 2.41), His447 (2.98), Gln291 (3.54)
		3 Hidrogénio Obrigação	Tyr341 (3,58), Trp86 (3,62, 4,12), Phe338 (3,02, 3,73)
		π-Alquilo	Tyr72 (5.33, 4.87), Trp286 (5.33, 4.63, 5.26, 3.88), His287 (4.67), Phe297 (5.29), Phe338 (5.27), Tyr341 (4.84, 4.88)

1 Ligação de hidrogénio convencional. 2 Ligação de hidrogénio de carbono. 3 Ligação de hidrogénio π-doador

As propriedades inibitórias do Tt na AChE podem dever-se à presença de vários flavonóides e saponinas, incluindo epigalocatequina, apigetrina, rutina, quercetina, luteolina, cynaroside, ácido cafeico, trilina, hecogenina, terreside B, trillarina, protodioscina e saponina C (Figura 1).

Além disso, durante a acoplagem, estes compostos mostraram boas interacções com resíduos de aminoácidos cruciais, tais como Tyr72, Asp74, Trp86, Tyr124, Ser293, Phe295, Phe297, Tyr337, Phe338, Tyr341 e Trp286. As moléculas acopladas mais estáveis foram a rutina, a saponina C, a terrestrosina C e a protodioscina, todas com energias de acoplamento inferiores a -24 kcal/mol.

Curiosamente, a pontuação máxima de acoplamento para a rutina foi alcançada a -24,68 kcal/mol. Este facto sugere que a rutina desempenha um papel significativo como inibidor da AChE. Um estudo recente de Sleem et al examinou o potencial antiparkinsónico da Tt utilizando um modelo de perturbação patológica induzida pelo haloperidol em ratos (Saleem et al., 2020). Este estudo mostrou que o extrato metanólico da planta tem potencial antioxidante, promovendo a melhoria da doença através do aumento dos níveis de enzimas antioxidantes endógenas e da redução dos níveis de AChE, a-sinucleína, IL-1β e TNF-α (Jaworski et al., 2019; Yang et al.,2017)

Outros estudos indicaram que as saponinas triterpénicas pentacíclicas do tipo astragalósido podem proteger a sobrevivência das células neuronais PC12 activando a GSK-3β e impedindo a abertura do poro de transição da permeabilidade mitocondrial (mPTP).

A GSK-3β desempenha um papel importante na sobrevivência das células neuronais, no crescimento e na plasticidade neuronal (Jaworski et al., 2019; Fu et al., 2020). A ativação da GSK-3β para evitar a abertura do mPTP é essencial para a proteção neurológica (Fu et al., 2020; Yamazaki et al.,

2019).

Os ginsenósidos, a gintonina, os extractos/fracções de ginseng e as fórmulas que contêm ginseng foram amplamente estudados em células, demonstrando que o ginseng tem propriedades neuroprotectoras contra a doença de Alzheimer. Estes efeitos são exercidos através da regulação de várias vias de sinalização, tais como as vias PI3K/Akt, AMPK-mTOR e NFκB, para inibir ou melhorar as principais características da DA, incluindo a acumulação de β-amiloide, factores neurotróficos, fosforilação da proteína tau, neuroinflamação, apoptose e disfunção mitocondrial em diferentes fases da DA (Li et al., 2019).

O bloqueio do recetor central muscarínico da acetilcolina prejudica a aprendizagem e a memória nos seres humanos e nos animais. O anticolinérgico SCOP tem sido utilizado como um potente agente amnésico. Vários estudos demonstraram que a administração prolongada de SCOP leva a uma redução dos mecanismos antioxidantes protectores. Isso ocorre devido à supressão da expressão do fator nuclear eritroide 2 (Nrf2) - fator 2 relacionado a Nrf2 e está ligado à plasticidade sináptica reduzida através da via CREB / BDNF (proteína de ligação ao elemento de resposta cAMP / fator neurotrófico derivado do cérebro) (Ransey et al., 2017; Yamazaki et al., 2019).

Além disso, o stress oxidativo induzido pela SCOP fosforila a GSK e aumenta a atividade da AChE, conduzindo, em última análise, à apoptose através dos mediadores Bax/Bcl-2 (Ransey et al., 2017).

Nos doentes com DA, a síntese e a libertação de ACh são atrasadas, enquanto a AChE é hiperactiva e degrada ainda mais a ACh, obstruindo a transmissão do sistema colinérgico (Cao et al., 2018; Sultana et al., 2013).

Os modelos animais envelhecidos revelaram uma associação significativa entre o desenvolvimento de défices comportamentais ou de perturbações cognitivas na aprendizagem e na memória, bem como na memória espacial e temporal (Sultana et al., 2013).

No modelo induzido por SCOP, a Tt inibiu a atividade da AChE, demonstrando os efeitos positivos na neurotransmissão colinérgica. As proteínas carboniladas são os produtos da oxidação proteica (Cao et al., 2018), enquanto a CAT e a SOD são consideradas duas importantes enzimas antioxidantes que combatem o stress oxidativo (Concalves et al., 2020; Song et al., 20121; Yin et al., 2020).

Conclusão

Os resultados deste estudo sugerem que a administração de um extrato etanólico de folhas de *Tribulus terrestris* melhora a disfunção cognitiva e o comprometimento da memória, medidos pelas tarefas comportamentais Y-maze e NOR. Além disso, o tratamento com Tt inverteu o stress oxidativo induzido pela SCOP, aumentando as actividades das enzimas antioxidantes e reduzindo os níveis de proteínas carboniladas e de MDA.

Os nossos resultados indicam também uma inibição significativa da atividade da AChE após o tratamento, uma abordagem fiável no tratamento de doenças neurodegenerativas, e esta inibição é também corroborada por dados in silico.

Estes resultados sublinham os efeitos de melhoria da memória dos extractos de Tt e o seu potencial como candidatos promissores para o tratamento da doença de Alzheimer.

Referências

1. **Ablain J**, Zon LI. De peixes e homens: usando zebrafish para combater doenças humanas. Trends Cell Biol. 2013; 23:584-586. [PubMed: 24275383]

2. **Ahmad F**, et al. Zebrafish embryos and larvae in behavioural assays. Behavior. 2012; 149:1241- 1281.

3. **Ahmadi. A** and Shadboorestan A., "Oxidative stress and cancer; the role of hesperidin, a *citrus* natural bioflavonoid, as a cancer Chemoprotective agent," Nutrition and Cancer, vol. 68, no. 1, pp. 29-39, 2016.

4. **AL-ALI M. et al,** *Tribulus terrestris:* estudo preliminar dos seus efeitos diuréticos e contrácteis e comparação com Zea Mays. *JEthnopharmacology.* **2003**, 85: 257-60.

5. **Alam, P.;** Parvez, M.K.; Arbab, A.H.; Al-Dosari, M.S. Análise quantitativa de rutina, quercetina, naringenina e ácido gálico através de métodos RP- e NP-HPTLC validados para o controlo de qualidade do extrato ativo anti-HBV de Guiera senegalensis. Pharm. Biol. 2017, 55, 1317-1323

6. **Associação de Alzheimer**. Disponível em: // www.alz.org /en/ quest-ce-que-la- maladie-dalzheimer.asp. [citado 26 Jul 2021].

7. **Ara, A.**; Vishvkarma, R.; Mehta, P.; Rajender, S., The Profertility and Aphrodisiac Activities of *Tribulus terrestris L.*: Evidence from Meta-Analyses. *Andrologia* **2023,** 2023, 7118431.

8. **Benninghoff, J.**; Perneczky, R., Anti-Dementia Medications and AntiAlzheimer's Disease Drugs: Side Effects, Contraindications, and Interactions. Em *Neuro Psychopharmacotherapy,* Riederer, P.; Laux, G.; Nagatsu, T.; Le, W.; Riederer, C., Eds. Springer International Publishing: Cham, 2020; pp 1-10.

9. **Bonnet H.** Contribution a l'étude de *Tribulus Terrestris L.* Thèse de pharmacie. Universidade da Lorena. Faculdade de Farmácia de Nancy. 2003.

10. **Bonnier G.** Flore complète de France Suisse et Belgique de Gaston Bonnier, Tome II. Librairie générale de l'enseignement, **1911**, p104-110.

11. **Bouabdallah S,** Sgheier RM, Salmi S, Khalifi D, Laouni D, B-Attia M. Abordagens e desafios actuais para a caraterização química do efeito inibitório contra a linha de células cancerígenas isoladas do extrato de Gokshur. *J Chromatography B,* 2016; 1026(C): 279-285.

12. **Bouabdallah, S.**; Bouzouit, N.; Laouini, D.; El Bok, S.; Sghaier, R.; Selmi, S.; Attia, M., Separação e avaliação do potencial antileishmanial natural contra leishmania major e infantum isoladas das estirpes da Tunísia. **2018**.

13. **Bouabdallah, S.**; Al-Maktoum, A.; Amin, A., Steroidal Saponins: Naturally Occurring Compounds as Inhibitors of the Hallmarks of Cancer. *Cancros (Basileia)* **2023**, 15, (15).

14. **Buske C,** Gerlai R. Early embryonic ethanol exposure impairs shoaling and the dopaminergic and serotoninergic systems in adult zebrafish. Neurotoxicol. Teratol. 2011; 33:698-707. [PubMed: 21658445]

15. **Buske C,** Gerlai R. Shoaling develops with age in zebrafish (Danio rerio). Prog.

Neuropsychopharmacol. Biol. Psychiatry. 2011; 35:1409-1415. [PubMed:

20837077]

16. **Brennan CH.** Ensaios comportamentais do peixe-zebra de relevância translacional para o

estudo da doença psiquiátrica. Rev. Neurosci. 2011; 22:37-48. [PubMed:

21615260]

17. **Brinza, I.;** Abd-Alkhalek, A. M.; El-Raey, M. A.; Boiangiu, R. S.; Eldahshan, O. A.; Hritcu, L., Efeitos Ameliorativos de Rhoifolin no Modelo de Zebrafish Amnésico Induzido por Escopolamina (Danio rerio). *Antioxidants* **2020,** 9, (7), 580.

18. **Brinza, I.;** Raey, M. A. E.; El-Kashak, W.; Eldahshan, O. A.; Hritcu, L., Sweroside Ameliorated Memory Deficits in Scopolamine-Induced Zebrafish (Danio rerio) Model: Involvement of Cholinergic System and Brain Oxidative Stress. *Molecules* **2022,** 27, (18), 5901.

19. **Cachat J,** et al. Measuring behavioral and endocrine responses to novelty stress in adult zebrafish. Nat. Protoc. 2010; 5:1786-1799. [PubMed: 21030954].

20. **Cachat J**, et al. Unique and potent effects of acute ibogaine on zebrafish: the developing utility of novel aquatic models for hallucinogenic drug research. Behav. Brain Res. 2013; 236:258-269. [PubMed: 22974549]

21. **Cai, B.**; Zhang, Y.; Wang, Z.; Xu, D.; Jia, Y.; Guan, Y.; Liao, A.; Liu, G.; Chun, C.; Li, J., Potencial terapêutico da diosgenina e dos seus principais derivados contra doenças neurológicas: avanços recentes. *Medicina Oxidativa e Longevidade Celular* **2020,** 2020, 3153082.

22. 5. Grossman L, et al. Caracterização dos efeitos comportamentais e endócrinos do LSD no peixe-zebra. Behav. Brain Res. 2010; 214:277-284. [PubMed: 20561961]

23. **Cao, P.;** Sun, J.; Sullivan, M.A.; Huang, X.; Wang, H.; Zhang, Y.; Wang, N.; Wang, K. Angelica sinensis polysaccharide protects against acetaminopheninduced acute liver injury and cell death by suppressing

oxidative stress and hepatic apoptosis in vivo and in vitro. Int. J. Biol. Macromol. 2018, 111, 11331139.

24. **Capatina, L.;** Todirascu-Ciornea, E.; Napoli, E. M.; Ruberto, G.; Hritcu, L.; Dumitru, G., O óleo essencial de Thymus vulgaris protege o peixe-zebra contra a disfunção cognitiva, regulando os sistemas colinérgicos e antioxidantes. *Antioxidants* **2020,** 9, (11), 1083.

25. **Chen, W. N.;** Yeong, K. Y., Scopolamine, um modelo experimental induzido por toxina, usado para pesquisa na doença de Alzheimer. *CNS Neurol Disord Drug Targets* **2020,** 19, (2), 85-93.

26. **Chhatre, S.;** Nesari, T.; Somani, G.; Kanchan, D.; Sathaye, S., Visão geral fitofarmacológica do Tribulus terrestris. *Pharmacogn Rev* **2014,** 8, (15), 45-51.

27. **Canu N**, Amadoro G, Triaca V, Latina V, Sposato V, Corsetti V, et al. A Intersecção da Sinalização NGF/TrkA e o Processamento da Proteína Precursora Amiloide na Neuropatologia da Doença de Alzheimer. Int J Mol Sci. 20 de junho de 2017;18(6).

28. **Chadefaud**. Tratado de botânica sistemática, Tomo II, Fascículo II. Masson, 1960p 863.

29. **Collier AD**, Echevarria DJ. The utility of the zebrafish model in conditioned place preference to assess the rewarding effects of drugs. Behav. Pharmacol. 2013; 24:375-383. [PubMed: 23811781]

30. **Delmas C**. Communiquer avec la personne atteinte de maladie d'Alzheimer et troubles apparentés Sensibilisation à la méthodologie de soins Gineste Marescotti, Maintien à domicile, cours de 6ème année, 2020.

31. **Dinchev** D, Janda B, Evstatieva L, Oleszek W, Aslani M.R, **KostovaI.** Distribuição de saponinas esteroidais em *Tribulus terrstris* de diferentes regiões geográficas. *Phytochemistry.* 2008; 69: 176-186.

32. **Duffner PM**. Alzheimer's disease: current etiological knowledge, future treatments, and various means of prevention [Internet]. Disponível em: file:///C:/Users/Madem/Documents/School/Th%C3%A8se%20sur%20 Alzhei mer/Th%C3%A8se%20Duffner%20Pierre-Marie.pdf

33. **Dunn, N. R.**; Pearce, G. L.; Shakir, S. A., Efeitos adversos associados à utilização de donepezil

3 4.em clínica geral em Inglaterra. *JPsychopharmacol* **2000,** 14, (4), 406-8.

35. **Drew RE**, et al. Variação do transcriptoma cerebral entre estirpes comportamentais distintas de peixe-zebra (Danio rerio). BMC Genomics. 2012; 13:323. [PubMed: 22817472]

36. **Ekeanyanwu R. C.** e Njoku O. U. "A fração rica em flavonóides do extrato de sementes de *Monodora tenuifolia* atenua as alterações comportamentais e os danos oxidativos em ratos stressados por natação forçada", Chinese Journal of Natural Medicines, vol. 13, no. 3, pp. 183-191, 2015.

37. **Filipovic D**. Todorovié N. Bernardi R. E. and Gass P. "Oxidative and nitrosative stress pathways in the brain of socially isolated adult male rats demonstrating depressive- and anxiety-like symptoms," Brain Structure and Function, vol. 222, no. 1, pp. 1-20, 2017.

38. **Fundação A.** Como foi descoberta a doença de Alzheimer? [Internet]. Fundação Alzheimer. 2019 [citado 26 jul 2021]. Disponível em: https://www.fondation-alzheimer.org/comment-la-maladie-dalzheimer-a-t- elleete-decouverte/.

39. **Fundação VA.** Alzheimer em alguns números [Internet]. Fundação Vaincre Alzheimer. [citado 26 jul 2021]. Disponível em: https://www.vaincrealzheimer.org/la-maladie/quelques-chiffres/

40. **Fu, Y.;** Cai, J.; Xi, M.; He, Y.; Zhao, Y.; Zheng, Y.; Zhang, Y.; Xi, J.; He, Y. Efeito neuroprotector do astragalósido IV do stress do retículo

endoplasmático induzido por 2-DG. Oxidative Med. Célula. Longev. 2020, 2020, 9782062. 51.

41. **Gerlai R**. Zebrafish antipredatory responses: a future for translational research? Behav. Brain Res. 2010; 207:223-231. [PubMed: 19836422]

42. **Gerlai R**. Using zebrafish to unravel the genetics of complex brain disorders. Curr. Top. Behav. Neurosci. 2012; 12:3-24. [PubMed: 22250005].

43. **Gonçalves, R.L.G.**; Cunha, F.V.M.; Sousa-Neto, B.P.S.; et al. α-Phellandrene attenuates tissue damage, oxidative stress, and TNF-α levels on acute model ifosfamide-induced hemorrhagic cystitis in mice. Naunyn Schmiedebergs Arch. Pharmacol. 2020, 393, 1835-1848.

44. **Goozee, K. G.**; Shah, T. M.; Sohrabi, H. R.; Rainey-Smith, S. R.; Brown, B.; Verdile, G.; Martins, R. N., Examinando o potencial valor clínico da curcumina na prevenção e diagnóstico da doença de Alzheimer. *British Journal of Nutrition* **2016,** 115, (3), 449-465.

45. **Griffiths BB,** et al. A zebrafish model of glucocorticoid resistance shows serotonergic modulation of the stress response. Front. Behav. Neurosci. 2012; 6:68. [PubMed: 23087630]

46. **Guan L. P.** e Liu B. Y., "Antidepressant-like effects and mechanisms of flavonoids and related analogues," European Journal of Medicinal Chemistry, vol. 121, pp. 47-57, 2016.

47. Guan, L.; Mao, Z.; Yang, S.; Wu, G.; Chen, Y.; Yin, L.; Qi, Y.; Han, L.; Xu, L., Dioscin alivia a doença de Alzheimer através da regulação do stress oxidativo e da inflamação mediados por RAGE/NOX4. *Biomedicine & Pharmacotherapy* **2022,** 152, 113248.

48. **Herrera-Ruiz M**, Zamilpa A, González-Cortazar M et al, "Efeito antidepressivo e avaliação farmacológica do extrato padronizado de flavonóides de Byrsonima crassifolia," Phytomedicine, vol. 18, no. 14,

pp. 1255-1261, 2011.

4 9. **Inserm**. Alzheimer · Inserm, Ciência para a saúde [Internet]. Inserm. [citado 26 jul 2021]. Disponível em: https://www.inserm.fr/dossier/alzheimer- doença/

5 0. **Ivan A e Ross R**. Medicinal plants of the world chemical constituents, traditional and modern medicinal uses. *Humana Press,* Totowa: 2001; 2: 411426.

51. **Jaworski, T**.; Banach-Kasper, E.; Gralec, K. GSK-3β at the Intersection of Neuronal Plasticity and Neurodegeneration. Neural Plast. 2019, 2019, 4209475.

52. **Johansson, M**.; Stomrud, E.; Lindberg, O.; Westman, E.; Johansson, P. M.; van Westen, D.; Mattsson, N.; Hansson, O., Apatia e ansiedade são marcadores precoces da doença de Alzheimer. *Neurobiol Aging* **2020,** 85, 74-82.

53. **Kalueff AV**, et al. Towards a comprehensive catalog of zebrafish behavior 1.0 and beyond. Zebrafish. 2013; 10:70-86. [PubMed: 23590400]

54. **Kalueff**, AV.; Stewart, A. M.; Gerlai, R., Zebrafish como um modelo emergente para estudar distúrbios cerebrais complexos. *Trends Pharmacol Sci* **2014,** 35, (2), 63-75.

55. **Kalueff AV,** et al. Zebrafish as an emerging model for studying complex brain disorders. Trends Pharmacol. Sci. 2014; 35:63-75. [PubMed: 24412421]

56. **Kalueff, AV.,** et al. Ganhando impulso translacional: mais modelos de peixe-zebra para a investigação em neurociência. Prog. Neuropsychopharmacol. Biol. Psychiatry. 2014. http://dx.doi.org/10.1016/j.pnpbp. 2014.01.022

57. **Khalid, A**.; Algarni, A. S.; Homeida, H. E.; Sultana, S.; Javed, S. A.;

Rehman, Z. u.; Abdalla, H.; Alhazmi, H. A.; Albratty, M.; Abdalla, A. N., Phytochemical, Cytotoxic, and Antimicrobial Evaluation of *Tribulus terrestris L.,* Typha domingensis Pers. and Ricinus communis L.: Scientific Evidences for Folkloric Uses. *Medicina Complementar e Alternativa Baseada em Evidências* **2022,** 2022, 6519712.

58. **Khalid, A.**; Nadeem, T.; Khan, M. A.; Ali, Q.; Zubair, M., Avaliação in vitro dos mecanismos moleculares imunomoduladores, antidiabéticos e anticancerígenos dos extractos de *Tribulus terrestris. Scientific Reports* **2022,** 12, (1), 22478.

59. **Khan, K.** M.; Collier, A. D.; Meshalkina, D. A.; Kysil, E. V.; Khatsko, S. L.; Kolesnikova, T.; Morzherin, Y. Y.; Warnick, J. E.; Kalueff, A. V.; Echevarria, D. J., Modelos de peixe-zebra em neuropsicofarmacologia e descoberta de medicamentos no SNC. *Br JPharmacol* **2017,** 174, (13), 1925-1944.

60. **Kanimozhi S.**, Bhavani P., e Subramanian P., "Influência do flavonoide, quercetina no estado antioxidante, peroxidação lipídica e alterações histopatológicas em ratos hiperamonémicos," Indian Journal of Clinical Biochemistry, vol. 32, no. 3, pp. 275-284, 2017.

61. **Kassem, I. A. A.**; Ragab, M. F.; Nabil, M.; Melek, F. R., Duas novas saponinas triterpenoidais aciladas de Gleditsia caspica Desf. e o efeito de seu conteúdo de saponina no comprometimento cognitivo induzido por LPS em camundongos. *Phytochemistry Letters* **2020,** 40, 53-62.

62. **Kareti, S.** R.; P, S., In Silico Molecular Docking Analysis of Potential AntiAlzheimer's Compounds Present in Chloroform Extract of Carissa carandas Leaf Using Gas Chromatography MS/MS. *Investigação Terapêutica Atual* **2020,** 93, 100615.

63. **Kim, J.**; Lee, H. J.; Lee, K. W., Naturally occurring phytochemicals for the prevention of Alzheimer's disease. *JNeurochem* **2010,** 112, (6), 1415-

30.

64. **Kim HJ,** Kim JC, Min JS, Kim MJ, Kim JA, Kor MH, Yoo HS, Ahn JK. O extrato aquoso de tribulus terrestris Linn induz a paragem do crescimento celular e a apoptose através da regulação negativa da sinalização NF-kB em células de cancro do fígado. *J Ethnopharmacol.* 2011; 136: 197- 203.

65. **Kyzar EJ**, et al. Effects of hallucinogenic agents mescaline and phencyclidine on zebrafish behavior and physiology (Efeitos dos agentes alucinogénios mescalina e fenciclidina no comportamento e fisiologia do peixe-zebra). Prog. Neuropsychopharmacol. Biol. Psychiatry. 2012; 37:194-202. [PubMed: 22251567]

66. **Levin, E.** D.; Bencan, Z.; Cerutti, D. T., Anxiolytic effects of nicotine in zebrafish. *Physiol Behav* **2007,** 90, (1), 54-8.

67. **Li, G.;** Zhang, N.; Geng, F.; Liu, G.; Liu, B.; Lei, X.; Li, G.; Chen, X., Metabolômica de alto rendimento e abordagem de caminho de engenhosidade revela o efeito farmacológico e os alvos do Ginsenoside Rg1 em camundongos com doença de Alzheimer. *Relatórios Científicos* **2019,** 9, (1), 7040.

68. **Liao, Y.;** Mai, X.; Wu, X.; Hu, X.; Luo, X.; Zhang, G., Explorando a inibição da quercetina na acetilcolinesterase por abordagens multiespectroscópicas e in silico e avaliação de seus efeitos neuroprotetores em células PC12. *Molecules* **2022,** 27, (22).

69. **Liu Z.**, Zhou T., Ziegler A.C., Dimitrion P., e L. Zuo, "Oxidative stress in neurodegenerative diseases: from molecular mechanisms to clinical applications," Oxidative Medicine and Cellular Longevity, vol. 2017, Artigo ID 2525967, 11 páginas, 2017.

70. **Livingston G.**, Huntley J., Sommerlad A., et al, Dementia prevention, intervention, and care: 2020 report of the Lancet Commission. *Lancet*

2020, 396, (10248), 413-446.

71. **López Patiño MA**, et al. Gender differences in zebrafish responses to cocaine withdrawal. Physiol. Behav. 2008; 95:36-47. [PubMed: 18499199]

72. **Lulita MF**, Bistué Millón MB, Pentz R, Aguilar LF, Do Carmo S, Allard S, et al. Desregulação diferencial das neurotrofinas NGF e BDNF num modelo de rato transgénico da doença de Alzheimer. Neurobiol Dis. Dez 2017; 108: 307-23.

73. **Manuais de MSD** para o público em geral. Síndrome confusional - Perturbações do cérebro, da espinal medula e dos nervos [Internet]. [citado 12 ago 2022]. Available from: https://www.msdmanuals.com/fr/accueil/troubles-du-cerveau,- de-lamoelle-% C3 % A9 pini%C3 % A 8re-et-des-nerfs/syndrome-confusionnel-et d% C3% A9 mence / syndrome-confusionnel

74. **Maurya P.K.**, C. Noto C., Rizzo L. B. et al, "The role of oxidative and nitrosative stress in accelerated aging and major depressive disorder," Progress in Neuro-Psychopharmacology and Biological Psychiatry, vol. 65, pp. 134-144, 2 016.

75. **Miller N**, et al. Effects of nicotine and alcohol on zebrafish (Danio rerio) shoaling. Behav. Brain Res. 2013; 240:192-196. [PubMed: 23219966].

76. **Moreira, N.;** Lima, J.; Marchiori, M. F.; Carvalho, I.; Sakamoto-Hojo, E. T., Efeitos Neuroprotectores dos Inibidores da Colinesterase: Cenário Atual nas Terapias para a Doença de Alzheimer e Perspectivas Futuras. *J Alzheimers Dis Rep* **2022,** 6, (1), 177-193.

77. **Muller A**. Problemas psico-comportamentais e cognitivos, A pessoa idosa, curso DFASP3, 2020.

78. **Neelkantan N,** et al. Perspectivas sobre modelos de peixe-zebra de

drogas alucinogénias e compostos psicotrópicos relacionados. ACS Chem. Neurosci. 2013; 4:11371150. [PubMed: 23883191]

79. **Newman, M.** Usando o modelo do peixe-zebra para a pesquisa da doença de Alzheimer. *Front Genet* **2014,** 5, 189.

80. **Parker MO**, et al. Desenvolvimento e automatização de um teste de controlo de impulsos no peixe-zebra. Front. Syst. Neurosci. 2013; 7:65. [PubMed: 24133417].

81. **Parker MO,** et al. Discrimination reversal and attentional sets in zebrafish (Danio rerio). Behav. Brain Res. 2012; 232:264-268. [PubMed: 22561034]

82. **Parker MO,** et al. Discrimination reversal and attentional sets in zebrafish (Danio rerio). Behav. Brain Res. 2012; 232:264-268. [PubMed: 22561034]

83. **Payet O**. Memória, Fisiologia, curso DFASP1, 2018.

84. **Phillips, O. A**.; Mathew, K. T.; Oriowo, M. A., Antihypertensive and vasodilator effects of methanolic and aqueous extracts of Tribulus terrestris in rats. *Jornal de Etnofarmacologia* **2006,** 104, (3), 351-355.

85. **Pippal JB**, et al. Characterization of the zebrafish (Danio rerio) mineralocorticoid recetor. Mol. Cell. Endocrinol. 2011; 332:58-66. [PubMed: 20932876]

86. **Poucheret P**. Drogas e Alzheimer, Farmacologia, curso DFASP1, 2018.

87. Fahnestock M, Shekari A. ProNGF and Neurodegeneration in Alzheimer's Disease. Front Neurosci. 2019; 13:129.

88. **Psicomédia**. DSM-5 : le GUIDE Psychomédia. [citado 18 Fev 2022]. Disponível em: http://www.psychomedia.qc.ca/dsm-5/2013-05-22/guide- psychomedia.

89. **Rahman, M. A**, Rahman, M. S, Uddin, M. J, Mamum-Or-Rashid, A. N. M, Pang, M.-G.; Rhim, H., Risco emergente de factores ambientais:

mecanismos de perceção das doenças de Alzheimer. *Ciência Ambiental e Investigação sobre Poluição* **2020,** 27, (36), 44659-44672.

90. **Ramalingayya, G. V.;** Nampoothiri, M.; Nayak, P. G.; Kishore, A.; Shenoy, R. R.; Mallikarjuna Rao, C.; Nandakumar, K., Naringin e Rutin Alleviate Episodic Memory Deficits em duas tarefas de reconhecimento de objetos diferentemente desafiadas. *Pharmacogn Mag* **2016,** 12, (Suppl 1), S63-70.

91. **Ramsey, C.P.;** Glass, C.A.; Montgomery, M.B.; Lindl, K.A.; Ritson, G.P.; Chia, L.A.; Hamilton, R.L.; Chu, C.T.; Jordan-Sciutto, K.L. Expressão de Nrf2 em doenças neurodegenerativas. J. Neuropathol. Exp. Neurol. 2007, 66, 75-85. 53.

92. **Saleem, S.;** Kannan, R. R., Zebrafish: um sistema modelo emergente em tempo real para estudar a doença de Alzheimer e a descoberta de drogas neuroespecíficas. *Cell Death Discov* **2018,** 4, 45.

93. **Saleem, U.;** Chauhdary, Z.; Raza, Z.; Shah, S.; Rahman, M.-u.; Zaib, P.; Ahmad, B. Atividade Anti-Parkinson de Tribulus terrestris através da Modulação de AChE, α-Sinucleína, TNF-α, e IL-1β. ACS Omega 2020, 5, 25216-25227.

94. **Salim S.** "Oxidative stress and the central nervous system," The Journal of Pharmacology and Experimental Therapeutics, vol. 360, no. 1, pp. 201-205,
2 017.

95. **Sharifi A. M. et al,** Study of antihypertensive mechanism of *Tribulus terrestris* in 2K1C hypertensive rats: Role of tissue ACE activity. *Ciências da Vida.* 2003; (73): 2963-71.

96. **Samuelsson G,** Farah MH, Cleason P, Hagos M, Thulin M, Hedberg O, Warfa AM, hassan AO, Elmi AH, Abderrahman AD. Inventário das plantas utilizadas na medicina tradicional na Somália. IV. Plantas das

famílias Passifloraceae- Zygophyllaceae. J Ethnopharmaco. 1993; 38(1): 18-19.

97. **Sangeeta D. et al,** Effect of *Tribulus Terrestris* on oxalate metabolism in rats, J Ethno pharmaco. 1994; 44(2): 61-6.

98. **Sarvin, B.**; Stekolshchikova, E.; Rodin, I.; Stavrianidi, A.; Shpigun, O. Otimização e comparação de diferentes técnicas para extração completa de saponinas de T. terrestris. J. Appl. Res. Med. Aromat. Plants 2018, 8, 75-82.

99. **Semerdjieva, I. B.**; Zheljazkov, V. D., Constituintes químicos, propriedades biológicas e usos de Tribulus terrestris: uma revisão. *Comunicações de produtos naturais* **2019,** 14, (8), 1934578X19868394.

100. **Singh A,** et al. Involvement of the α1-adrenoceptor in sleep-waking and sleep loss-induced anxiety behavior in zebrafish. Neuroscience. 2013; 245:136147. [PubMed: 23618759]

101. **Song, X.;** Kong, J.; Song, J.; Pan, R.; Wang, L. Angelica sinensis Polysaccharide Alleviates Myocardial Fibrosis and Oxidative Stress in the Heart of Hypertensive Rats. Comput. Math. Methods Med. 2021, 2021, 6710006. 57.

102. **Stefanescu, R.**; Tero-Vescan, A.; Negroiu, A.; Aurica, E.; Vari, C.-E., Uma revisão abrangente das propriedades fitoquímicas, farmacológicas e toxicológicas de Tribulus terrestris L. *Biomolecules* **2020,** 10, (5), 752.

103. **Steenbergen PJ,** et al. A utilização do modelo do peixe-zebra na investigação do stress. Prog. Neuropsychopharmacol. Biol. Psychiatry. 2011; 35:1432-1451. [PubMed: 20971150]

104. **Stewart, A.** M.; Braubach, O.; Spitsbergen, J.; Gerlai, R.; Kalueff, A. V., Modelos de peixe-zebra para pesquisa translacional em neurociência: do tanque à beira do leito. *Trends Neurosci* **2014,** 37, (5),

264-78.

105.   **Stewart AM,** et al. Perspectivas dos modelos de epilepsia do peixe-zebra: o quê, como e onde se segue? Brain Res. Bull. 2012; 87:135-143. [PubMed: 22155548]

106.   **Stewart A,** et al. Modelação da ansiedade utilizando peixe-zebra adulto: uma revisão concetual. Neuropharmacology. 2012; 62:135-143. [PubMed: 21843537]

107.   **Stewart, AM.;** Kalueff, AV. Desenvolver um sistema de avaliação animal melhor e mais válido

modelos de perturbações cerebrais. Behav. Brain Res. 2013. http://dx.doi.Org/10.1016/j.bbr.2013.12.024

108.   **Stewart AM,** et al. Developing zebrafish models of autism spectrum disorder (ASD). Prog. Neuropsychopharmacol. Biol. Psychiatry. 2014; 50C:27- 36. [PubMed: 24315837]

109.   **Sudheendran, A.;** Shajahan, M. A.; Premlal, S., Uma avaliação diurética comparativa do fruto e da raiz de Gokshura (Tribulus terrestris Linn.) em ratos albinos. *Ayu* **2021,** 42, (1), 52-56.

110.   **Sultana, R.;** Perluigi, M.; Butterfield, D.A. Lipid peroxidation triggers neurodegeneration: A redox proteomics view into the Alzheimer disease brain. Free Radic. Biol. Med. 2013, 62, 157-169. 54.

111.   **Sun J.,** Wang H., Liu B. et al, "Rutin attenuates H2O2- induced oxidation damage and apoptosis in Leydig cells by activating PI3K/Akt signal pathways," Biomedicine & Pharmacotherapy, vol. 88, pp. 500-506, 2017.

112.   **Vaváková M.** Duracková Z. e Trebatická J. "Markers of oxidative stress and neuroprogression in depression disorder," Oxidative Medicine and Cellular Longevity, vol. 2015, Artigo ID 898393, 12 páginas, 2015.

113.   Wang, S.; Kong, X.; Chen, Z.; Wang, G.; Zhang, J.; Wang, J., Papel

dos Compostos Naturais e Enzimas Alvo no Tratamento da Doença de Alzheimer. *Molecules* **2022,** 27, (13), 4175.

114.   **Organização Mundial de Saúde**. Demência [Ficha informativa]; 2023.

115.   Yan, Z.-Q.; Chen, J.; Xing, G.-X.; Huang, J.-G.; Hou, X.-H.; Zhang, Y., Salidroside previne o comprometimento cognitivo induzido pela hipoperfusão cerebral crónica em ratos. *Journal OfInternational Medical Research* **2015,** 43, (3), 402-411.

116.   **Yamazaki, H.**; Tanji, K.; Wakabayashi, K.; Matsuura, S.; Itoh, K. Role of the Keap1/Nrf2 pathway in neurodegenerative diseases. Pathol. Int. 2015, 65, 210-219.

117.   **Yang, K.;** Chen, Z.; Gao, J.; Shi, W.; Li, L.; Jiang, S.; Hu, H.; Liu, Z.; Xu, D.; Wu, L. The Key Roles of GSK-3beta in Regulating Mitochondrial Activity. Cell Physiol. Biochem. 2017, 44, 1445-1459. 49.

118.   **Yang, G.**-X.; Huang, Y.; Zheng, L.-L.; Zhang, L.; Su, L.; Wu, Y.-H.; Li, J.; Zhou, L.-C.; Huang, J.; Tang, Y.; Wang, R.; Ma, L., Conceção, síntese e avaliação de derivados de carbamato de diosgenina como agentes anti-doença de Alzheimer com múltiplos alvos. *Jornal Europeu de Química Medicinal* **2020,** 187, 111913.

119.   **Yin, Y.;** Li, H.; Chen, Y.; Zhu, R.; Li, L.; Zhang, X.; Zhou, J.; Wang, Z.; Li, X. A combinação de Astragalus membranaceous e Angelica sinensis melhora a disfunção das células endoteliais vasculares através da inibição do stress oxidativo. Evid. Based Complement. Altern. Med. 2020, 2020, 6031782. 56.

120.   **Zhang Z. J.**, "Therapeutic effects of herbal extracts and constituents in animal models of psychiatric disorders," Life Sciences, vol. 75, no. 14, pp. 1659-1699, 2004.

121.   **Zhao, J.**; Tian, X.-C.; Zhang, J.-Q.; Li, T.-T.; Qiao, S.; Jiang, S.-

L., *Tribulus terrestris L.* induz a apoptose celular do cancro da mama através da regulação das vias de sinalização do metabolismo dos esfingolípidos. *Phytomedicine* **2023**, 155014.

122.   **Zhu,** W.; Du, Y.; Meng, H.; Dong, Y.; Li, L., Uma revisão dos usos farmacológicos tradicionais, fitoquímica e atividades farmacológicas de *Tribulus terrestris. Revista Central de Química* **2017**, *11, (1), 60.*

123.   **Ziv L,** et al. Uma perturbação afectiva no peixe-zebra com mutação do gene

recetor de glucocorticóides. Mol. Psychiatry. 2013; 18:681-691. [PubMed: 22641177]

yes
I want morebooks!

Buy your books fast and straightforward online - at one of world's fastest growing online book stores! Environmentally sound due to Print-on-Demand technologies.

Buy your books online at
www.morebooks.shop

Compre os seus livros mais rápido e diretamente na internet, em uma das livrarias on-line com o maior crescimento no mundo! Produção que protege o meio ambiente através das tecnologias de impressão sob demanda.

Compre os seus livros on-line em
www.morebooks.shop

Printed by Books on Demand GmbH, Norderstedt / Germany